“双碳时代”之碳交易

中国石化碳交易联合工作组◎编著

中国石化出版社
·北京·

图书在版编目（CIP）数据

“双碳时代”之碳交易 / 中国石化碳交易联合工作组编著 . — 北京：中国石化出版社，2024.5

ISBN 978-7-5114-6978-6

Ⅰ. ①双… Ⅱ. ①中… Ⅲ. ①二氧化碳 - 排污交易 - 研究 - 中国 Ⅳ. ① X511

中国国家版本馆 CIP 数据核字（2023）第 039305 号

中国石化出版社出版发行

地址：北京市东城区安定门外大街 58 号

邮编：100011 电话：（010）57512500

发行部电话：（010）57512575

http：//www.sinopec-press.com

E-mail：press@sinopec.com

宝蕾元仁浩（天津）印刷有限公司印刷

全国各地新华书店经销

*

710mm × 1000mm 16 开本 8.5 印张 97 千字

2024 年 5 月第 1 版 2024 年 5 月第 1 次印刷

定价：68.00 元

编委会

Editorial board

中国石化碳交易联合工作组

编委会成员

Members of editorial board

前　言

为应对气候变化的严峻挑战，绿色低碳和可持续发展已成为国际共识，碳市场成为实现低碳减排的重要抓手，碳交易也在一夜之间成为“顶流”，成为市场普遍热议的话题。什么是碳交易？二氧化碳如何交易、如何定价？为什么欧洲和中国的碳价差异这么大？本书将一一作出解答。

碳交易的由来要追溯到1997年的《京都议定书》，其规定了发达国家的减排义务并提出碳排放权交易等减排机制。2015年《巴黎协定》正式通过，要求缔约方提交到本世纪中叶长期温室气体低排放发展战略。截至目前，全球150多个国家设立了碳中和目标，近50个国家承诺在2050年前实现碳中和。在碳中和目标下，碳市场的发展愈发活跃。

目前全球共有25个碳市场，覆盖了世界17%的温室气体排放量，其中，欧盟碳排放交易市场（EU-ETS）成为全球机制最完善、品种最齐全、流动性最大的碳交易市场。根据咨询机构路孚特统计，2023年全球碳市场成交规模为125亿吨，其中欧盟碳市场占比高达74%。欧盟碳市场发展较为领先，早在2005年就开始启动，先后经历了四个阶段，碳价从10欧元/吨一路走高至100欧元/吨，二氧化碳排放量从52亿吨下降至40亿吨。

中国一直是全球应对气候变化事业的积极参与者，自2013年开始我国先后成立了八个试点碳市场，2021年全国碳市场正式上线。我国推动碳市场建设，一方面兑现了中国对国际社会的承诺，体现了我国积极应对气候变化的大国担当；另一方面，利用市场机制调节二氧化碳排放分布，将资金引导至减排潜力大的行业企业，最终达到促进全社会低成本减排的目的。我国碳市场建设取得了积极成就，但也存在流动性偏低、覆盖范围小、参与主体单一等问题，市场化交易机制尚需完善。

九层之台，起于累土；千里之行，始于足下。我们欣喜地看到，2024年全国碳市场已进入第三个履约周期，地方碳市场运行也已进入第11年。为了让更多读者深入了解我们的碳市场，中国石化从事碳交易的人员（主要来自联合石化和碳科公司）精心编写了《"双碳时代"之碳交易》，从解答什么是碳排放和碳交易说起，详细介绍了国外碳市场交易现状、国内碳市场交易现状，并分享了碳交易在石化行业的应用案例，这不仅是石化行业内首批专门介绍碳交易的专业书籍，同时也是普通大众了解碳交易的科普读物，有助于读者系统全面了解碳交易的原理及其发展趋势。

我们希望这点小小的努力能够为我国的碳中和事业添砖加瓦，也期待着与大家共同见证我国的碳达峰与碳中和！

编写组成员

2024年5月

目 录

第四章

国内碳交易现状 054

第五章

碳交易案例分析 095

第六章

碳资产开发案例分析 112

参考文献 126

第一章

碳排放概述

亲爱的读者们，我是碳博士。这两年，“双碳”火遍大江南北，成为我们耳熟能详的话题。那究竟什么是碳排放？碳排放来自哪里？各个国家为降低碳排放做出了哪些努力？本章碳博士将带大家一起走进“碳”世界，为大家一一解答。

在人类漫长的历史长河中，化石能源的广泛利用是推动文明发展的核心动力。通过利用化石能源，人类极大地提高了生产效率和劳动产出，并从农耕文明快速迈进工业文明。但与此同时，化石能源的大规模开发也给人类留下了巨大的考验，煤炭、石油和天然气等化石能源在燃烧过程中造成大量温室气体排放，随着温室气体排放量的持续增长，全球气候出现显著变暖现象，极端天气、冰川消融、海平面上升、冻土层融化以及旱涝等灾害频发，给人类赖以生存的地球家园带来灾难性后果。

一、碳排放的概念

碳排放 广义概念是指温室气体的排放，主要是二氧化碳（CO_2），也包括甲烷（CH_4）、氧化亚氮（N_2O）、氢氟碳化物（HFCS）、全氟化物（PFCS）和六氟化硫（SF_6）等气体。狭义概念是专指二氧化碳的排放，其在温室气体中占比超过 70%，一些情况下碳排放专指二氧化碳排放。

碳达峰是指二氧化碳排放量经过一定的增长达到历史最高值，其后可能进入平台期，在一定范围内波动，然后进入平稳下降阶段（图 1-1）。

碳中和是指二氧化碳排放通过吸收或者去除技术应用达到平衡，也称为净零二氧化碳排放。

碳达峰是碳中和的基础和前提，达峰时间的早晚和峰值的高低直接影响碳中和实现的时长和难度。碳中和是对碳达峰的进一步约束，达峰行动方案需要在实现碳中和的引领下制定。

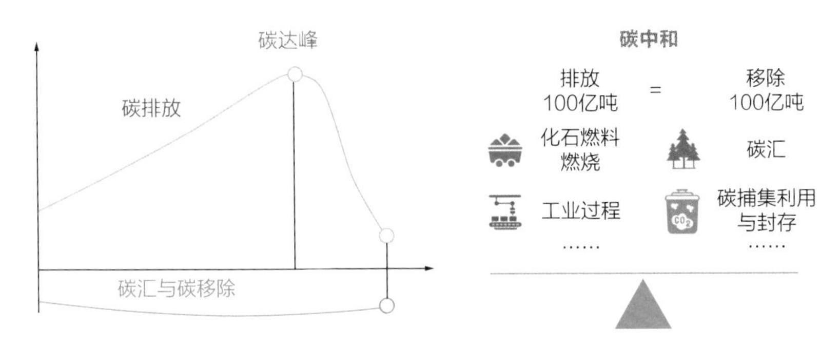

图 1-1　碳达峰和碳中和定义

二、碳排放现状

在人类日常活动中，无时无刻不在排放二氧化碳，例如电厂燃烧煤炭、汽车燃烧汽油、居民使用天然气等活动，都会产生大量二氧化碳。在过去的 200 多年里，人类向大气层排放了数万亿吨二氧化碳等温室气体，如同给地球表面盖上了一层厚厚的被子，既能吸收来自太阳的短波辐射，又能拦截地表向外放出的长波辐射，从而使地球温度持续升高并造成全球气候变暖。目前气候变暖在全球范围内造成了规模空前的影响，使得极端天气事件增加，对生命系统形成威胁。如果不采取进一步措施，未来气候变化幅度可能会超过自然生态系统和经济社会发展所能承受的极限，从而造成突然的和不可逆转的后果。因此，减少二氧化碳等温室气体排放，限制全球气温上升已经成为全人类共同的目标（图 1-2）。

图 1-2　全球气候变暖导致的自然灾害

图 1-2　全球气候变暖导致的自然灾害（续图）

全球碳排放总量　21 世纪以来，全球碳排放量增长迅速。据英国石油公司（BP）发布的《世界能源统计年鉴（第 72 版）》统计数据显示，2013 年以来，全球二氧化碳排放量持续增长；2019 年，全球二氧化碳排放量创历史新高，达到 340.44 亿吨；2020 年，受全球新冠疫情影响，世界各地区二氧化碳排放量普遍减少，全球二氧化碳排放量下降至 322.85 亿吨，同比下降 5.17%；2021 年，全球二氧化碳排放量大幅反弹，恢复到疫情前水平；2022 年，全球二氧化碳排放量达到 343.74 亿吨；2023 年，全球二氧化碳排放量达到 374 亿吨，同比上涨 1.1%，再度刷新历史最高纪录。

全球碳排放结构　从排放来源看，电力和供热、交通运输、工业是全球碳排放量最大的三个行业，这些领域也是未来减排的关键点。其中，电力和供热占比为 42%，远超其他行业，位列第一。目前供电行业依然以煤炭、天然气等化石燃料燃烧作为最主要的发电方式，供热产业也以燃烧化石燃料作为主要的供热方式，而化石燃料燃烧会带来大量碳排放。交通运输产业占比 25%，全球排名第二，目前陆上交通、航空、航海等依然以燃油作为最主要的动力来源，对燃油的高需求也会带来大量碳排放。此外，工业也是重要的碳排放来源，占比 18%，而其他行业如民用、商业和公共服务以及农业等占比较小（图 1–3）。

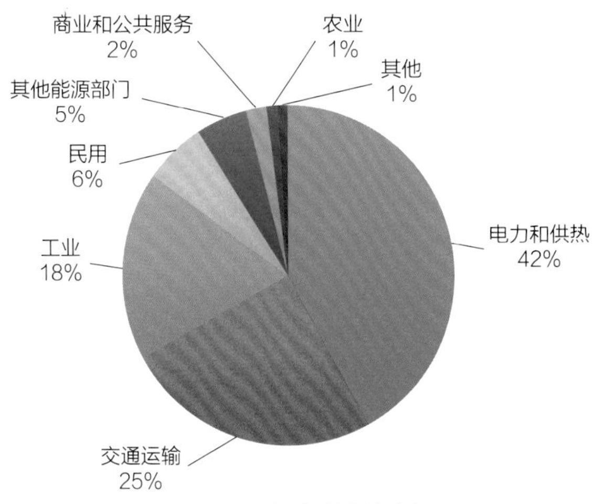

图 1–3　全球碳排放来源

从区域结构来看，在中国、日本等国家经济增长的驱动下，亚洲碳排放量快速增加，逐步成为世界第一大碳排放地区，碳排放量远超其他区域。主要原因是二战后很多亚洲国家开始进行大规模经济建设，对能源、工业产品等的需求剧增，从而带动了碳排放量的快速增长。北美、欧洲随着经济增长趋于稳定，能源消耗逐步下降，碳排放量基本于 2005 年左右达峰。BP《世界能源统计年鉴》数据显示，2022 年，亚太地区二氧化碳排放占全球总排放量的 52.2%，其中中国占比为 30.9%，远超全球其他主要国家。此外，北美地区二氧化碳排放占比为 17%，欧洲地区二氧化碳排放占比 11%，而南美、中东以及非洲地区占比较小，基本在 5% 左右。

三、国际社会气候变化重要公约

20 世纪 80 年代，人类社会开始关注和讨论气候变化问题。自《联合国气候变化框架公约》1994 年生效以来，联合国气候变化大会每年就相关问题展开谈判，长达 20 多年的国际气候谈判进程中，随着《京都议定书》《巴厘岛路线图》《哥本哈根协定》《巴黎协定》等国际性公约和文件陆续出台，全球应对气候变化不断取得新进展。

《联合国气候变化框架公约》于 1994 年 3 月 21 日正式生效，这是世界上第一个为全面控制二氧化碳等温室气体排放，以应对全球气候变暖带来不利影响的国际公约，也是国际社会在应对全球气候变化问题上的一个基本框架。自 1995 年起，该公约缔约方每年召开缔约方会议（Conferences of the Parties，COP）以评估应对气候变化的进展，COP 会议即由此而来，成为气候变化领域最为重要的年度盛会。2023 年，第 28 届缔约方会议（COP28）在阿联酋迪拜举行（图 1-4），本次大会的讨论重点聚焦在减少石油及煤炭等化石燃料生产、增加可再生能源使用等能源议题。

图 1-4　第 28 届缔约方会议（COP28）

《京都议定书》1997 年 12 月，联合国气候变化框架公约缔约方第三次会议在日本京都举行，并通过了旨在控制发达国家温室气体排放的《京都议定书》。其目标是将大气中的温室气体含量稳定在一个适当的水平，进而防止气候变化对人类造成的伤害。《京都议定书》于 2005 年 2 月 16 日正式生效，这也是人类历史上首次以法规的形式限制温室气体排放。

《巴厘岛路线图》为完善已建立的气候制度，并克服《京都议定书》存在的问题，2007 年第 13 次缔约方会议制定了《巴厘岛路线图》。会议明确了发达国家必须承担“可比的”强制减排义务，发展中国家在可持续发展框架下，在得到发达国家提供的资金、技术和能力建设支持的情况下，采取“可测量、可报告、可核实”的国家适当减缓行动。会议达成的《巴厘岛路线图》促进了国际碳排放和碳减排评价制度的发展，是人类应对气候变化历史中的一座新里程碑。

《哥本哈根协定》2009 年 12 月召开的哥本哈根气候变化大会被喻为“拯救人类的最后一次机会”的会议，虽然没有通过一份新的议定书，但是维护了《联合国气候变化框架公约》及其《京都议定书》确立的“共同但有区别的责任”原则，就发达国家实行强制减排和发展中国家采取自主减缓行动做出了安排，并就全球长期目标、资金和技术支持、透明度等焦点问题达成广泛共识。

《巴黎协定》2015 年 12 月，195 个国家在《联合国气候变化框架公约》第二十一届缔约方会议巴黎大会上通过《巴黎协定》(The Paris Agreement)。协定提出要将全球气温控制在比工业革命前高 2℃以内，并向着限制在 1.5℃以内努力。要实现这一目标，全球温室气体排放需在 2030 年前减少一半，并在 2050 年左右尽量达成净零排放，即“碳中和”。《巴黎协定》为 2020 年后全球应对气候变化行动做出了安排，各国通过国家自主贡献方案，自主承担减排责任。

四、各国碳中和目标

近年来，绿色低碳和可持续发展已成为国际共识，全球范围内越来越多的国家将碳中和作为重要的战略目标，采取积极措施应对气候变化。目前全球约有 54 个国家实现碳达峰，占全球碳排放总量的 40%。超过 150 个国家提出碳中和或净零排放愿景目标，占全球 88% 的温室气体排放、90% 的经济体量和 85% 的人口（表 1–1）。

欧盟 作为应对气候变化和推动能源转型的坚定拥护者，欧盟是最早提出碳中和目标的主要经济体。欧盟长期以来重视气候变化应对与温室气体减排，二氧化碳排放量于 1979 年达到峰值 34.4 亿吨，此后一直处于缓慢下降趋势。

2019 年 12 月，欧盟委员会提出《欧洲绿色协议》，承诺到 2050 年实现气候中和，这将使欧洲成为全球第一个气候中和的地区。2020 年 3 月，欧盟委员会提交《欧洲气候法》，旨在从法律层面确保欧洲到 2050 年实现气候中和，该法案为欧盟所有政策设定了目标和努力方向。2021 年 7 月 14 日，欧盟委员会通过了名为“适应 55”（“Fit For 55”）的一揽子立法提案，涵盖气候、能源、土地利用、运输和税收政策等十几项与碳中和相关的立法修正案以及新的立法建议。2022 年 5 月份，欧盟委员会正式公布了“Repower EU”能源转型行动方案，计划在 2030 年前投资 3000 亿欧元，通过加快可再生能源产能部署、能源供应多样化、提高能效三大支柱措施实现欧洲能源独立和绿色转型。

表 1-1　全球主要国家碳中和目标概况

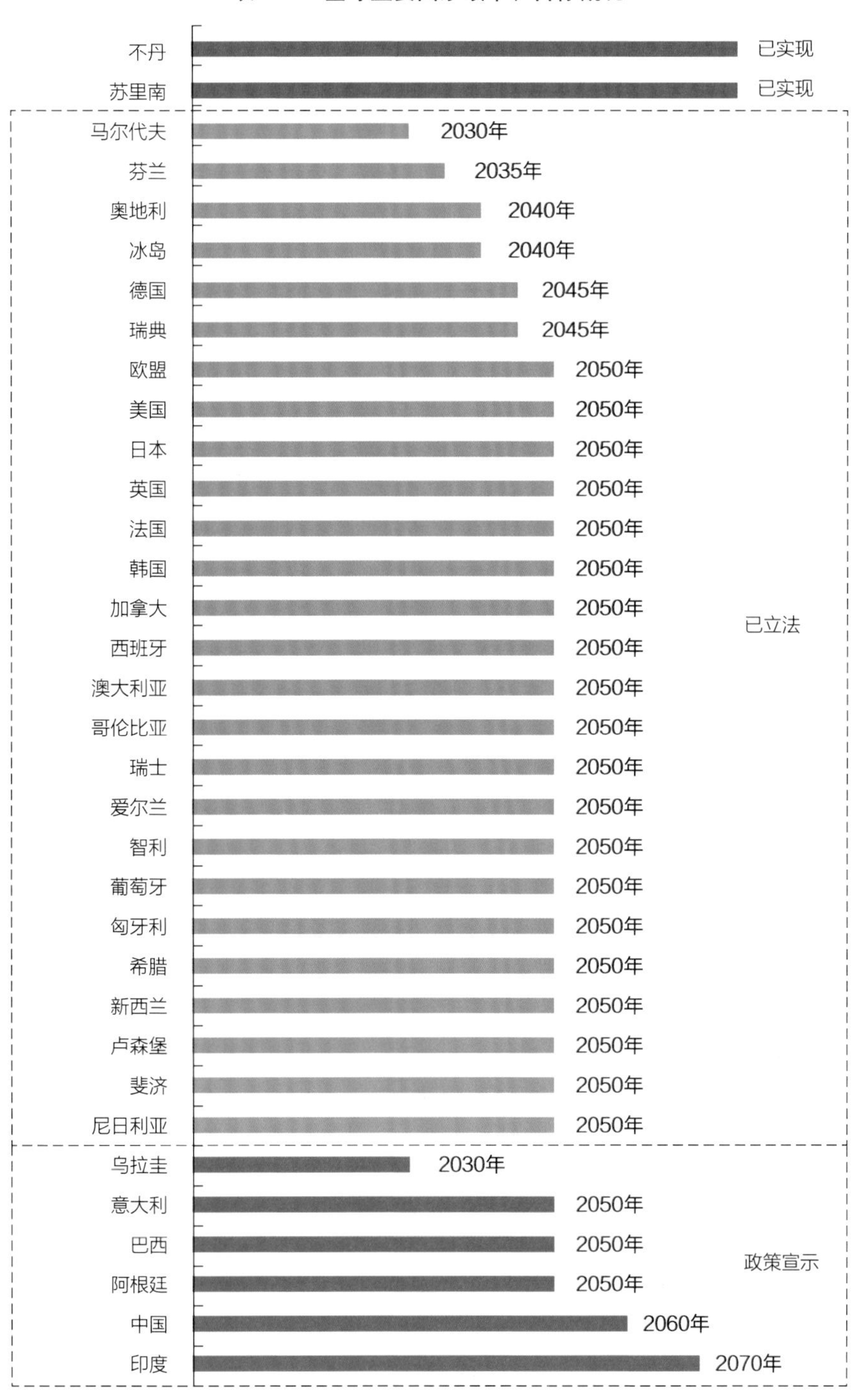

资料来源：Energy&Climate Intelligence Unit。

欧盟不仅自身致力于碳中和，同时也要求其他经济体减碳，防止出现“碳泄漏”问题。2022 年 6 月 22 日，欧盟通过了“碳边境调整机制”（CBAM，以下简称“欧盟碳关税”）草案的修正案，并于 2023 年 10 月 1 日实施，该修正案意味着欧盟“碳关税”政策成型。欧盟“碳关税”的开启，是真正意义上将碳排放的因素纳入国际贸易范畴，既有可能成为新的“绿色贸易壁垒”、重塑国际贸易体系，也可能成为促进世界各国加快碳中和实现的推动器。

美国 是全球历史累计温室气体排放量最大的国家。在奥巴马政府期间，美国计划于 2025 年实现 2005 年基础上减排 26%~28% 的目标，尽管在 2017 年特朗普当政期间美国一度退出《巴黎协定》，但事实上，自 2007 年开始，美国的二氧化碳排放已经阶段性达峰并处于下降的通道。2021 年拜登政府上台后，美国重返《巴黎协定》，积极推动气候变化治理，且进一步承诺到 2030 年将温室气体排放减少到 2005 年的一半。2022 年 8 月，拜登签署《通胀削减法案》，该法案虽名为削减通货膨胀，但其大量条款均与应对能源转型和气候变化相关。2023 年 1 月，美国能源部宣布为 33 个 CCUS（碳捕捉）项目投入 1.31 亿美元，大规模部署碳管理技术，助力碳封存技术的商业运营。

为了实现碳中和目标，美国拜登政府计划投资 2 万亿美元用于国内基础设施、清洁能源等领域的建设，具体措施包括：在交通领域，大力发展新能源汽车产业，推进城市零碳交通、“第二次铁路革命”等计划的实施；在建筑领域，积极推动绿色建筑建设，促使建筑节能升级；在电力领域，大力推动光电、风电等新能源项目建设；除此之外，美国还计划加大对储能、绿氢、核能、CCUS 等前沿技术的研发力度。

中国 早在 2005 年，我国“十一五”规划纲要中就提出了节能减排的思路。2015 年，习近平总书记在联合国气候变化巴黎大会演讲中指出，中国将把生态文明建设作为“十三五”规划重要内容，落实创新、协调、绿色、开放、共享的发展理念，形成人和自然和谐发展现代化建设新格局。2020 年 9 月，习近平总书记在联合国大会上首次表示“中国将提高国家自主贡献力度，采取更加有力的政策和措施，二氧化碳排放力争于 2030 年前达到峰值，努力争取 2060 年前实现碳中和”。这也被称为中国碳达峰、碳中和的“30 · 60 目标”（图 1–5）。

图 1–5　习近平总书记提出碳达峰目标与碳中和愿景

2021 年，习近平总书记在中央财经委员会第九次会议上强调，实现碳达峰、碳中和是一场广泛而深刻的经济社会系统性变革，要把碳达峰、碳中和纳入生态文明建设整体布局，拿出抓铁有痕的劲头，如期实现 2030 年前碳达峰、2060 年前碳中和的目标。国务院总理李强在 2024 年的政府工作报告中提出，加强生态文明建设，推进绿色低碳发展。深入践行绿水青山就是金山银山的理念，协同推进降碳、减污、扩绿、增长，建设人与自然和谐共生的美丽中国。

第二章

碳交易概述

亲爱的读者们，我是碳博士。近年来，碳交易成为备受关注的重要领域，什么是碳交易？如何进行碳交易？什么因素会影响碳价格？本章碳博士将带大家一起对碳交易的来龙去脉一“碳”究竟。

如何鼓励全社会特别是企业参与碳减排呢？这就要说到碳交易了。碳交易是人类社会为解决全球气候变暖这一问题所创造的一种市场机制。在上一个章节我们了解到，为了应对气候变暖，控制温室气体排放，国际社会从 20 世纪 70 年代开始就采取了一系列的措施，达成了一系列的国际公约，在此背景下碳交易成为世界各国解决气候变化问题的一种重要手段。

一、碳交易概述

在应对气候变化问题上，各国主要采取了三种应对机制，分别为碳排放许可证制度、碳税制度、碳排放交易制度。碳排放许可证制度是指碳排放量达到法律规定值的企业，需得到政府相关部门的批准，并颁发碳排放许可证才可进行排放；碳税制度是指政府向高排放行业额外征收碳税，或向易碳泄漏的进口产品征收碳税；碳排放交易制度是指在总量控制下，排放企业通过市场化交易的方式出售或购买碳配额。其中，碳排放交易制度是应用最为广泛且得到国际社会普遍认可的方式。

（一）碳交易概念

碳交易全称为碳排放权交易，是为促进全球温室气体减排，减少全球二氧化碳排放所采取的市场化机制。《京都议定书》把市场机制作为解决气候变暖为代表的问题的新路径，即把二氧化碳排放权作为一种商品，从而形成了碳排放权的交易。确切而言，碳交易是指为了降低二氧化碳排放，充分发挥市场机制的基础作用，允许企业、机构、个人等主体依法合规买卖碳配额的行为。一般来说有广义的碳交易和狭义的碳交易之分，广义的碳交易包括自愿减排交易和强制碳交易，狭义的碳交易专指强制碳交易。

自愿减排交易是指从企业社会责任、品牌建设、社会效益等目标出发，通过参与方自愿签订协议，约束自身碳排放建立起来的碳交易，交易对象一般以项目居多，目前主要以核证后的二氧化碳减排量为交易标的。典型的自愿减排机制有：清洁发展机制（CDM）、联合履约（JI）项目下的减排量、自愿核证碳标准（VCS）等，根据这些减排机制开发的减排量往往称作自愿减排量，买家通过购买自愿减排量并注销可实现相应的抵消或履约。美国芝加哥气候交易所曾是全球知名的自愿碳交易市场，在鼎盛时期有300多家会员企业参与自愿性碳交易。

强制碳交易一般也称作碳配额市场交易，是指通过相关法律和市场机制约束企业碳排放行为而进行的碳交易。强制碳交易以碳配额市场中控排企业碳排放的总量为基础，买卖双方根据需要进行碳配额买卖以满足减排目标。目前国际上大多数碳市场属于碳配额市场，如欧盟排放交易体系（EU-ETS）下的欧盟碳配额（EUA）市场为当前全球最大的碳配额市场。此外，美国、澳大利亚、加拿大、新西兰、韩国等国家也开设碳配额交易市场，我国也于2013年后正式开启了地方碳市场，并于2021年启动全国碳市场。

（二）碳交易的相关知识

1. 碳排放权

碳排放权是向大气排放二氧化碳的权利。在全球变暖的背景下，许多国家限制二氧化碳排放总量，使得碳排放权力成为了一种稀缺资源，从而催生了碳排放权。为了平衡各国利益，并鼓励各国减少二氧化碳排放，2005 年生效的《京都议定书》为世界提供了减排机制，即给美国等发达国家明确设置一个“排放额度”，允许那些排放额度不够用的国家向富余或者没有限制的国家购买“排放额度”或“排放指标”。

碳排放权具有特有的权利属性。一方面，其具有经济属性，可在市场上进行交易和流通；另一方面，又具有环境属性，一定程度上有助于降低温室气体排放。

2. 碳配额

碳配额也称为碳排放配额，是碳排放权的载体和凭证。配额即为分配的数量、数额，一般是指由政府职能部门对特定活动进行约束所创设的量化管理工具。碳配额是政府分配给控排企业在一定时期内的碳排放额度，是碳排放权的凭证和载体，1 单位的配额通常相当于 1 吨二氧化碳当量。碳配额具有商品的基本属性，可以开展交易。对于企业而言，其获得的碳配额也就意味着拥有排放相应数量二氧化碳的权利。

3. 碳交易机制

碳排放权交易机制（Emissions Trading Scheme，ETS）是依靠市场机制弥补行政干预不足的一种手段，是一种低成本高效率的市场减排机制，其中运用比较广泛的是源自欧盟碳交易体系的总量限制与交易机制（Cap-and-Trade）。该机制通过设定排放总量目标（Cap），确立排放权的稀缺性，逐年降低限额以减少总排放量；再依托交易平台让参与者对碳配额或碳信用进行交易（Trade），并抵消应缴纳的配额。（图 2-1）

碳交易
通过市场机制

价格
传导

买碳有成本
淘汰落后产能

卖碳有收益
激励企业节能降碳

投资有回报
推动低碳技术创新
带动绿色金融发展

效果

直接作用：减少温室气体排放
间接作用：促进减排规模化、减碳技术专业化，推动产业结构升级
溢出效应：实现全社会低碳转型

图 2–1　碳市场交易机制

对于国家或地区而言，碳市场交易机制的设计将有助于降低该区域的二氧化碳排放，促进节能降碳，改善当地自然环境。另外，企业层面还可通过创新碳减排技术，在生产过程中开展碳减排活动，从而获得碳排放配额盈余。此外，碳排放配额可以进行交易，在确定碳排放总量目标并对碳配额进行初始分配后，相应企业可开展以碳排放配额为标的的交易，从而体现了碳配额的交易价值。

（三）碳交易的功能

碳交易是以市场机制应对气候变化、减少温室气体排放的有效机制，具有以下功能：

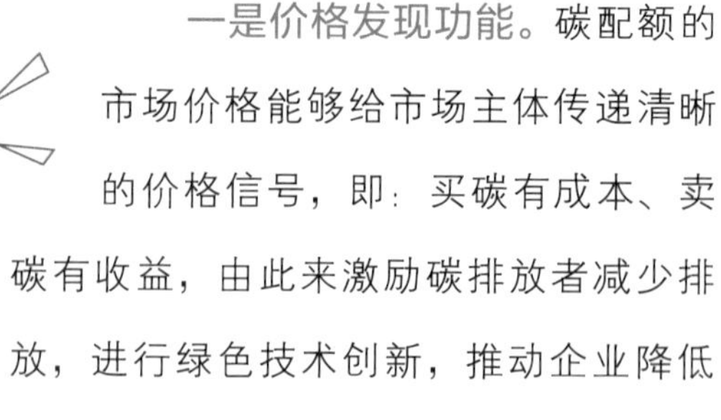

一是价格发现功能。碳配额的市场价格能够给市场主体传递清晰的价格信号，即：买碳有成本、卖碳有收益，由此来激励碳排放者减少排放，进行绿色技术创新，推动企业降低能耗或使用清洁能源，倒逼企业淘汰落后产能、转型升级等。

二是绿色融资功能。碳交易使得碳排放权成为一种商品，并让市

场主体形成长期碳价格预期，从而引导社会资本流向绿色低碳产业，发挥低碳融资功能。此外，企业还可以将其拥有的碳排放配额作为碳资产抵押或质押给银行，获得碳资产抵押/质押融资。

三是国际定价功能。在全球加大应对气候变化合作的大趋势下，全球碳市场一体化将是一种必然。对于中国而言，开展碳排放权交易有助于增强我国碳市场影响力，积极影响正在形成的国际碳定价体系，提高中国碳市场在全球碳定价体系中的话语权，提升中国在应对气候变化领域的国际地位。

二、碳交易类型与 MRV 体系

（一）碳交易的类型

根据不同的区分标准，碳排放交易有以下分类：

一是根据交易标的的不同，可以分为现货交易、远期交易、期货交易、期权交易等。现货交易是指以碳配额现货作为标的的交易。简单来说，可以理解为一手交钱，一手交货。

远期交易（Forward）是指以未来履行碳配额的合约为标的的交易，是将来某个时间内按约定价格买卖一定数量碳配额的行为。通常而言，买卖双方会签订远期合同，约定在未来某一时期进行交易。

期货交易（Futures）与远期合约交易都是以碳配额合约为交易标的，两者的区别在于远期合约不是标准化合同，交付时间不固定，而期货交易中合约交付时间是固定的。另外，比起现货需要使用全款交易，期货交易在交割前只需支付保证金而不需要支付全款，对资金占有率较低，但也因此杠杆率高，风险相对较大。

期权交易（Option）类似于一种许可证，赋予购买者在未来某个时间点以约定的价格买入或卖出碳配额的权利。这意味着到期后，期权购买者可选择履行或不履行买卖约定。期权合约不但有月份的差异，还有行权价格、看涨期权与看跌期权的差异，因此期权合约的数量要远多于期货合约。资金占用方面，在期权市场中，买方需要支付权利金，卖方需要支付保证金。

二是根据交易方式的不同，可以分为挂牌交易和大宗协议转让。挂牌交易是指通过电子化的竞价系统，根据时间优先、价格优先的原则在场内进行的碳配额交易。挂牌交易有利于实现公平、公开化的交易，因此当前绝大多数的碳交易市场采用这种方式进行交易。大宗协议转让是指在符合交易所规则的前提下，双方在场外自主协商价格和数量的交易。大宗协议转让一般在交易数额较大的情况下采用，例如中国全国碳市场设定了10万吨的大宗协议转让门槛。大宗协议转让模式下，成交价格不纳入交易所的盘面即时行情，成交量在交易结束后计入当日配额成交总量。

三是根据交易目的的不同，可以分为履约性交易和投机性交易。履约性交易是指为了履行清缴义务而进行的交易，买方主体是排放企业。排放企业负有清缴义务，当持有的配额少于应清缴的配额数时，需从市场中购买所需的配额。排放企业清缴配额后，该配额将被注销。投机性交易是指企业或个人出于投机目的进行的交易，类似于投资股票、债券等市场获取收益的行为。

（二）MRV 体系

企业碳排放数量是如何核定的呢？这就要说到 MRV 了。

MRV 的全称为监测、报告、核查（Monitoring，Reporting，Verification），是针对温室气体排放可监测、可报告、可核查的体系。其中，监测指的是确定计量的排放边界、种类和水平，企业需要获得具体设施的碳排放数据，并采取一系列的数据测量、获取、分析、计算、记录等措施。报告是指对于排放的核算与结果输出的过程，需通过标准化的报告模板，以规范化的电子系统或纸质文件的方式，对监测情况、测算数据、量化结果等内容进行报送。核查是对监测和报告的检查、取证和确认的过程，且相对独立，通常由有资质的第三方核查机构完成，目的是核实和查证控排主体是否根据相关要求如实地完成测量过程，以及其所报告的数据和信息是否真实、准确无误。MRV 是温室气体排放和减量量化的基本要求，是碳交易体系实施的基础，也是《京都协定书》提出的应对气候变化国际合作机制之一。

通过建立 MRV 体系，能够提供碳排放数据审定、核查、核证等服务，从而保证碳交易及其他相关过程的公平和透明，保证结果的真实和可信，有助于实现减排义务和权益对等。为了保证结果的公正性，国际上普遍采用第三方认证机构提供的认证服务构建 MRV 体系，并为应对气候变化的政策和行动提供技术支撑。此外，在碳交易体系建设涉及的立法、政策、技术等诸多方面，MRV 保障了排放数据准确一致，实现碳交易公平、透明、可信，也为建立温室气体注册登记簿、交易平台等打下了重要基础。我国目前有 12 家经国家认证的 MRV 第三方核查机构，在数据最终披露前，核查机构会逐一审查并上报生态环境主管部门，确保数据的真实性、可靠性。

三、碳交易价格

碳排放权交易本身也是一种大宗商品交易，影响碳价的因素与大宗商品相似。目前影响碳价的主要因素有五类，分别是政策变化、市场供需、盘面流动性、履约时间、天气等因素（图 2-2）。

图 2-2　碳价的影响因素

（一）政策变化

影响碳价的首要因素是政策。以我国碳市场为例，因国内碳市场目前正处在发展期阶段，相关政策变数较大，一旦政策作出调整，例如：变更核查标准、调整免费发放比例及履约时间、重启 CCER 等，都会对碳市场价格产生较大影响。比如在全国碳市场，主管部门将 2021 年、2022 年碳配额基准下调 8%，这相当于收紧碳配额供给，使得需求缺口扩大，市场普遍看涨碳价，导致 2022 年、2023 年全国市场碳价显著高于 2021 年年底履约期碳价。

（二）市场供需情况

除政策因素外，市场供需情况也会影响到碳价，其中市场的供应方主要为政府有关部门、有富余碳资产的控排企业、机构以及个人投资者；需求方为有缺口的控排企业、有投资需求的机构和个人投资者。正如其他大宗商品的情况一样，当市场上供给量大于需求量时，碳价可能下行；反之，供给量小于需求量时，碳价可能上行。政府有关部门若开展有偿配额拍卖增加市场供给量时，拍卖量、拍卖机制、拍卖底价也将影响碳价。例如，上海市场在 2022 年拍卖信息公布前，碳价一度飙升至近 60 元 / 吨，拍卖结束后，价格回落至拍卖底价 54 元 / 吨附近。

（三）盘面流动性

盘面流动性也是影响碳价的因素，当盘面交易量较小时，参与者对碳价的控制成本将会相对较低，从而更易影响盘面价格；参与者数量若较少则容易产生寡头垄断，从而影响碳价走势。例如，北京市场，非履约期时市场流动性较差，盘面成交量极小，碳价易产生大幅波动；反之，流动性较大的广东市场碳价就相对稳定，盘面价格也更容易反映市场真实情况。

（四）履约时间

是否处于履约期也对碳价影响较大，一般临近履约时，企业集中入市交易，需求量骤增往往会导致碳价上涨，淡季时企业参与意愿不高，碳价可能下跌。以全国市场为例，2023 年上半年非履约时段碳价在 55~60 元 / 吨的区间波动，年底履约前碳价快速飙升至 80 元 / 吨。

（五）天气变化

除以上几种因素外，天气变化也会影响碳价涨跌。例如，在冷冬年份，受气温较低影响，居民取暖需求增加，供暖燃料使用增长也会带来更多的碳排放，加大对碳配额的需求，从而一定程度上抬升碳价；反之，暖冬年份则可能会使碳价下跌。

碳价的变化往往是多种因素共同作用的结果。不同的碳市场特点不同，影响碳价的核心因素也会存在些许差异，如 2022 年欧盟受俄乌冲突导致的能源危机影响，燃煤电站重启推高碳排放需求，加之金融资本大量涌入欧盟碳市场，大幅推高了欧洲碳价。在下面的章节中我们会具体针对不同的市场进行介绍。

第三章

国际碳交易市场

亲爱的读者们，我是碳博士。上一章我们了解了碳交易的基本原理，那么碳市场实际中是如何运行的呢？除了占据绝对主导地位的欧盟碳市场，还有哪些国家也开立了碳市场呢？各个碳市场之间是否有联系呢？碳博士将带大家一起“碳”秘。

低碳转型已经成为全球发展大势，国际碳市场发展如火如荼。目前世界已有 25 个强制减排市场，覆盖全球 17% 的温室气体排放量，其中我国碳交易市场是全球覆盖温室气体排放量规模最大的碳市场，欧盟碳交易市场是流动性最好、成交量最大的碳市场。根据咨询机构路孚特（Refinitiv）统计，2023 年全球碳市场成交规模为 125.6 亿吨，其中欧盟碳市场占 72%；全球碳市场成交额为 8812 亿欧元，其中欧盟碳市场占 87%，如图 3-1 所示。

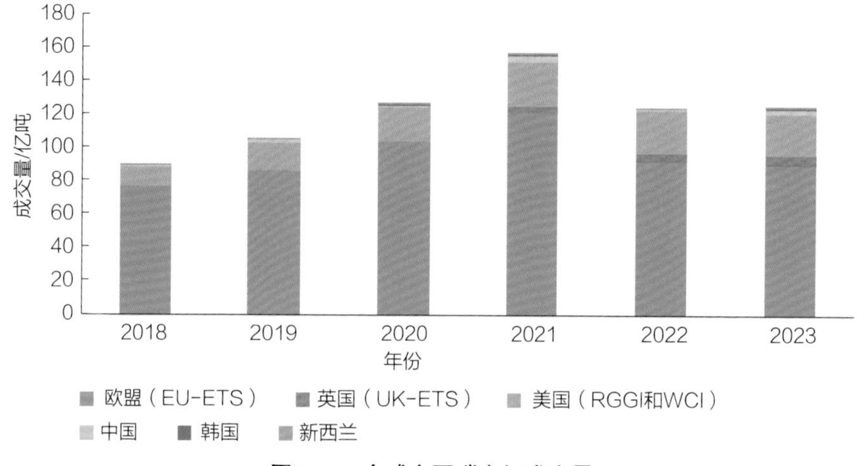

图 3-1　全球主要碳市场成交量

一、欧盟碳市场

欧盟碳市场成立于 2005 年，涵盖 30 个国家，是全球机制最完善、品种最齐全、流动性最大的碳交易市场。2022 年，欧盟碳配额成交量总计为 92.8 亿吨，其中期货成交量占总成交量的 80%。欧盟碳期货市场也是目前世界上规模最大、运行时间最长的碳期货交易市场。

（一）欧盟碳市场发展的四个阶段

欧盟一直是全球推动绿色低碳转型最先进的地区，目标是让欧洲成为世界上第一个实现碳中和的大陆。欧洲碳市场启动至今已经运转 19 年，覆盖 30 个国家（包括 27 个欧盟成员国，以及冰岛、挪威和列支敦士登），纳入的企业共计 1.1 万家，覆盖欧盟 45% 的温室气体排放。欧盟碳市场以总量控制与交易机制（Cap-and-Trade）的原则运行，配额总量上限由欧盟的长期气候目标决定，配额下发包含无偿发放和拍卖两种方式。截至目前，欧盟碳交易市场（EU-ETS）的发展经历了四个阶段，发展机制越来越完善、总量控制越来越严格、温室气体减排效果越来越明显。

第一阶段（2005-2007 年）：初步试点期

1997 年的《京都议定书》首次为 37 个工业化国家设定了具有法律约束力的减排目标或上限。为了实现《京都议定书》的要求，2000 年 3 月，欧盟委员会提交了一份欧盟内部温室气体排放交易的绿皮书，提出了有关欧盟碳市场设计的一些初步想法。该阶段仅包括电力和高耗能行业，几乎所有的配额均免费发放，超额排放的罚款标准为 40 欧元 / 吨。该阶段由欧盟成员国通过国家分配计划（NAPs）以自下而上的形式制定全欧盟范围的上限（Cap）和各自配额总量。各个成员国需要在 2004 年 3 月 31 日之前提交分配计划，欧盟委员会在 2004-2005 年公布关于配额分配的最终决定，各个成员国的配额之和等于 Cap。该阶段配额分配总体充足，叠加第一阶段配额不能在第二阶段使用，导致 2007 年欧盟碳配额价格一度跌至零。

第二阶段（2008-2012 年）：启动履约期

2008-2012 年是《京都议定书》的第一个履约期，欧盟碳市场覆盖国家增加了冰岛、列支敦士登和挪威，免费配额发放比例削减至 90%，部分采用拍卖，超额排放的罚款标准为 100 欧元 / 吨。该阶段开始允许使用国际碳信用，使用总量累计为14亿吨二氧化碳当量。第二阶段配额发放方式仍然采取欧盟成员国各自制定的形式，配额上限较第一阶段调减6.5%。各成员国需要在2006年6月30日之前提交配额分配计划，欧盟在2006–2007年公布关于大多数国家配额分配的最终决定。这期间，2008年的全球金融危机导致能源需求减少，温室气体排放下降，碳配额和碳信用大量盈余，导致整个第二阶段碳配额价格低迷。

第三阶段（2013–2020年）：重大调整期

第三阶段是欧盟碳市场的重大调整期，2013年以后欧盟改革碳配额分配方法，取消国家分配制度，采用总量控制的形式统一欧盟范围内的碳排放量，并将配额的默认分配方式从免费分配改为有偿拍卖，拍卖比例达57%。此外，该阶段欧盟开始引入线性减量因子（Linear Reduction Factor，LRF），排放限额以1.74%的速率逐年下降。与此同时，2019年欧盟碳市场建立了市场稳定储备（MSR）机制来平衡市场供需，如果市场流通中的碳配额超过8.33亿吨，储备机制会将碳配额吸纳入储备，而如果流通中的碳配额小于4亿吨，MSR将会释放储备的碳配额。在储备机制设立当年，欧盟直接将2014–2016年未拍卖的9亿碳配额纳入了MSR，而这些碳配额原计划是推迟至2019–2020年拍卖，缓解了2008年金融危机后碳配额需求不振和国际碳信用供给增加造成的碳配额供大于求的局面。

第四阶段（2021–2030 年）：加速减排期

该阶段仍采取碳配额总量控制的分配方式，碳配额发放上限线性减量因子从第三阶段的逐年减少 1.74% 变为 2.2%。自 2021 年起，欧盟碳市场不再接受使用国际碳信用履约。2019–2023 年，市场稳定储备机制的吸纳率（纳入 MSR 的碳配额占总流通配额的比例）从 12% 提高至 24%，并且从 2023 年起，储备中高于前一年拍卖量的部分将作废。2020 年 1 月，欧盟通过了《欧洲绿色协议》，提出欧盟的碳减排目标是到 2050 年实现碳中和。2021 年 7 月，欧盟委员会公布了“Fit for 55”的一揽子气候计划，提出了包括能源、工业、交通、建筑等在内的 12 项更为积极的减排措施，承诺在 2030 年将温室气体排放量较 1990 年减少 55%。为了加快达成碳减排目标，2022 年 4 月欧盟议会投票通过了将 MSR 24% 的吸纳率延长至 2030 年 6 月的决定；2023 年 4 月，欧洲议会投票通过碳排放交易体系改革，提出在 2024 年将线性减量因子上调至 5.1%，2028 年上调至 5.38%。在欧盟减排力度不断增强的现实和预期下，碳配额价格在第四阶段快速升高，并一度突破 100 欧元 / 吨。

（二）欧盟碳市场交易机制及碳价走势

欧盟委员会将免费发放的碳配额 EUA（Europe Union Allowance）直接划入控排单位注册账户，有偿发放的配额通过一级市场拍卖发放给中标企业；企业的碳配额可流入二级市场交易所或场外市场进行交易。控排单位需要不晚于每年的 4 月 30 日递交足额的碳配额以完成履约，自 2024 年开始，履约期限改为每年 9 月 30 日。

一级市场方面，2005 年欧盟碳市场成立之初，碳配额以全额免费分配为主，此后免费配额逐渐减少，当前已过渡到 50% 以上进行拍卖。欧盟碳配额拍卖通常在欧洲能源交易所（EEX）举行，拍卖配额包括欧盟常规配额（EUA）和欧盟航空配额（EUAA），此外德国和波兰也在该交易所通过拍卖发放碳配额。2023 年欧洲能源交易所总计举行 223 次拍卖，拍卖总量为 5.23 亿吨，同比增加 6.5%，拍卖均价为 83.60 欧元 / 吨，其中，欧盟拍卖总量为 3.65 亿吨，占拍卖总量的 70%，德国、波兰也有少量拍卖，见图 3–2。

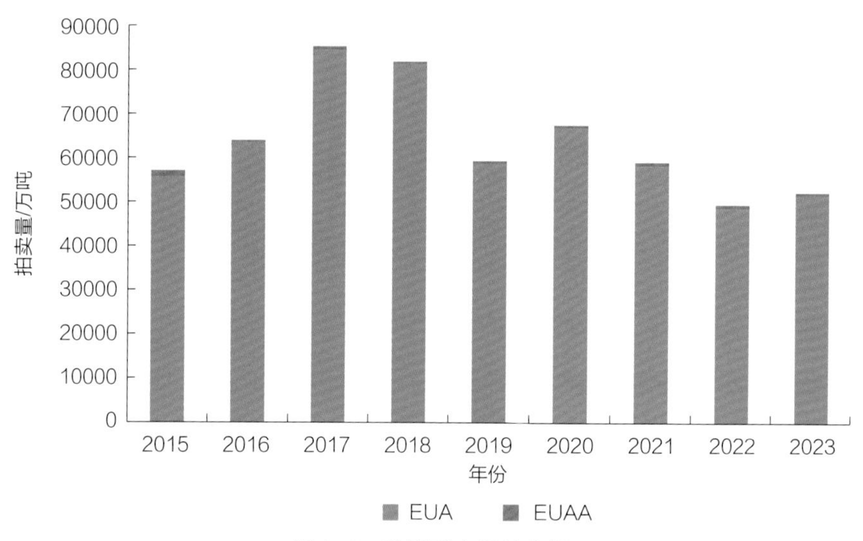

图 3–2　欧盟碳市场拍卖量

二级市场方面，欧洲现有三个交易所提供 EUA 期货、现货及衍生品的交易，其中洲际交易所在荷兰的分支机构（ICE Endex）是欧盟碳配额期货的主要交易场所，该交易所还有现货和期权的交易；德国的欧洲能源交易所（EEX）有少量欧盟碳配额期货和现货交易；纳斯达克在挪威的分支机构（Nasdag Oslo）也有极少的期货成交。三个交易所的 EUA 期货合约设计不同，但均包括未来几年的季度合约，并以当年的 12 月合约为主力合约。以 2023 年 11 月为例，从期货成交来看，洲际交易所（ICE）EUA 期货全部合约日均成交量为 3723 万吨，是成交规模最大、最集中的交易所，欧洲能源交易所（EEX）EUA 期货合约日均成交量平均为 73 万吨；从现货成交来看，洲际交易所（ICE）EUA

现货日均成交量平均为 193 万吨，欧洲能源交易所（EEX）EUA 现货日均成交量平均为 4 万吨。

从欧盟碳期货价格走势来看，2005 年至 2020 年欧盟 EUA 价格基本在 10~30 欧元 / 吨波动；2021 年末，欧盟碳市场进入第四阶段，加之俄乌冲突爆发导致传统能源使用增加，欧洲碳价屡屡创下历史纪录，2023 年 2 月 27 日，一度达到 100.23 欧元 / 吨，较 2020 年年底上涨了 200%；下半年以来，因 2024 年履约期推迟，叠加化石能源需求疲软，ESG 概念产品受到冲击，欧盟碳配额价格回落至 70 欧元 / 吨（图 3-3），2024 年年初继续走弱至 60 欧元 / 吨下方。

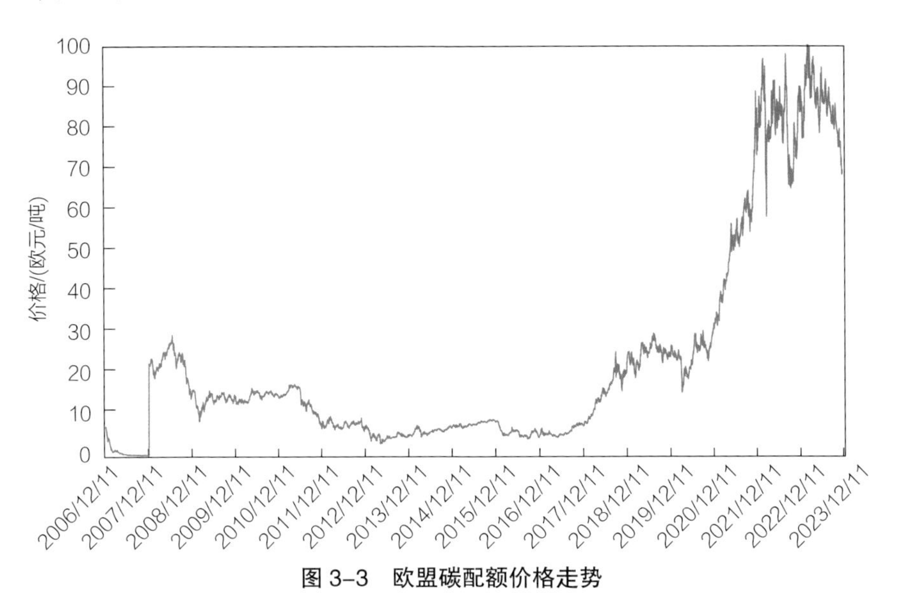

图 3-3　欧盟碳配额价格走势

1. 欧盟加大温室气体减排力度

2020 年 9 月，欧盟委员会提出 2030 年之前将温室气体排放量较 20 世纪 90 年代的水平降低至少 55%，高于之前制定的减排 40% 的目标；德国 2021 年 5 月份宣布，要将实现碳中和的时间表从 2050 年提前至 2045 年。为实现欧洲更高的减排目标，欧盟委员会 “Fit for 55” 计划提出了针对 EU ETS 的更加严格的修订方案，收紧配额发放总量，使得欧洲企业更加意识到配额的稀缺，进一步推高了碳价。

2. ESG 吸引更多资金投资碳市场

随着全球主要经济体提升对碳达峰、碳中和的重视水平，强有力的气候政策和碳减排目标吸引了更多的机构投资者入市，ESG（Environmental，Social and Governance）吸引更多资金投资碳市场。ESG 基金将碳期货作为气候风险投资的标杆，2022 年底全球 ESG 基金规模达到 2.5 万亿美元，全年吸引资金净流入 1890 亿美元，反映了投资者对气候投资的信心。

3. 煤炭对天然气的逆替代增加

后疫情时代的欧盟能源需求快速复苏，叠加 2022 年以来的俄乌冲突导致俄罗斯减少对欧洲的供气量，欧洲煤价、气价、电价一度创历史新高。欧洲发电市场主要是煤电和气电，尽管天然气发电的碳排放只有煤炭发电的一半左右，但随着天然气价格飙升，煤炭发电经济型凸显。2022 年下半年，欧洲电价一度抬升到 400 欧元 /MW·h 以上，折合每度电超过 3 元，同等热值单位的欧洲天然气价格高达煤炭价格的 2.2 倍。天然气价格飙升促使电厂转向燃煤发电（图 3-4），从而增加了欧洲碳排放配额的需求。

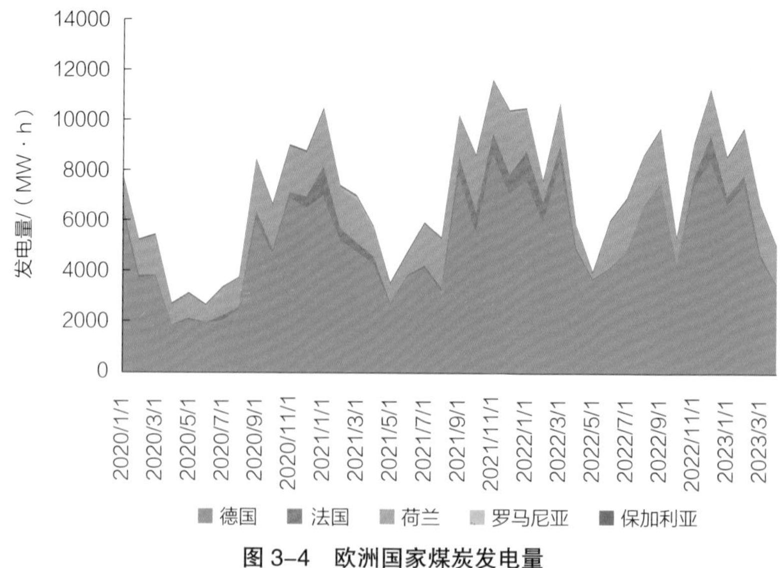

图 3-4 欧洲国家煤炭发电量

4. 欧洲碳市场金融衍生品交易更加活跃

在 2021 年 11 月格拉斯哥气候峰会（COP26）后，全球投资者对气候类投资更为热衷，欧盟碳市场交易更加活跃。2023 年欧盟碳配额期货合约日均成交量为 2.89 万手，较 2022 年平均水平增加 0.6%。与此同时，市场看涨情绪仍在发酵，EUA 首行合约行权价格为 100 欧元/吨的看涨期权的持仓量从 2023 年 9 月的 1250 手增加至 2023 年 12 月的 1.28 万手。

二、欧盟碳关税

2021 年 7 月，欧盟委员会根据 2030 年将欧盟排放量至少减少 55%（与 1990 年相比）、并在 2050 年之前实现气候中和的气候目标，提出了名为“Fit for 55”一揽子计划（图 3–5）。“Fit for 55”计划包括改革欧盟碳排放权交易体系（EU–ETS）、拟实施碳边境调节机制（Carbon Border Adjustment Mechanism，CBAM）、修订减排分担条例（Effort Sharing Regulations）、修订土地利用、土地利用变化和农林业战略条例（Regulations on Land Use，Forestry and Agriculture）等 17 个立法草案，其中对欧盟碳价影响最大的是欧盟碳排放权交易体系改革、计划实施欧盟碳关税、交通运输行业低碳减排发展等。

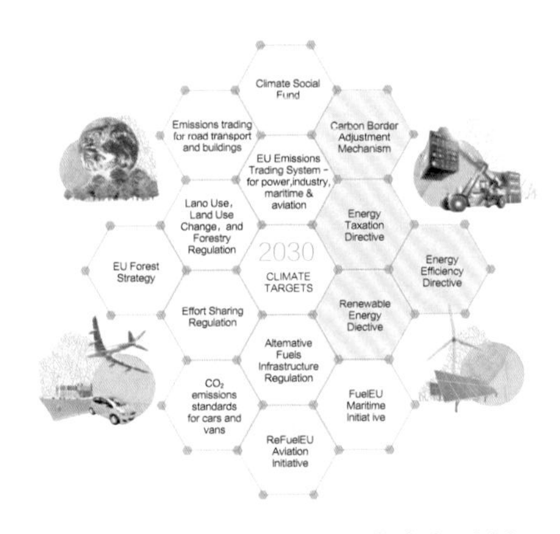

图 3–5　欧盟“Fit for 55”气候计划

2022年至今，欧盟碳关税的提议引发了国际上的广泛讨论。欧盟认为，贸易全球化背景下，一个区域更严格的气候政策会导致高碳产品以及相关碳排放转移到另一区域，引发碳泄漏问题。为限制排放区域转移，并保护欧盟企业的竞争力，2021年7月14日，欧盟委员会正式公布碳边境关税政策立法提案，宣布将逐步推进碳边境调节机制（CBAM），这是欧盟对进口产品征收“碳关税”进入立法程序的重要节点。

根据欧盟立法程序，欧盟委员会（欧盟立法建议与执行机构）、欧盟理事会（欧盟立法与政策制定、协调机构）、欧洲议会（欧盟立法机构）需要对内容达成一致，才能得到最终的法律文本。经过三方多次协商，2023年4月，欧洲议会和欧盟理事会相继投票通过碳边境调节机制法案文本，标志着正式走完立法程序。2023年5月，CBAM法案文本正式发布在《欧盟官方公报》，标志着正式成为欧盟法律（图3–6）。

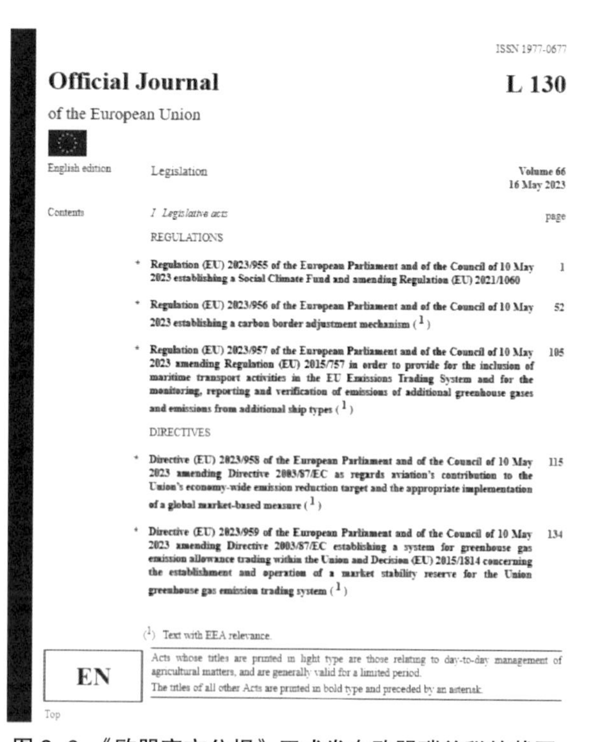
ISSN 1977-0677

Official Journal

of the European Union

L 130

English edition — Legislation — **Volume 66, 16 May 2023**

Contents

I Legislative acts

(1) Text with EEA relevance.

EN

Acts whose titles are printed in light type are those relating to day-to-day management of agricultural matters, and are generally valid for a limited period.

The titles of all other Acts are printed in bold type and preceded by an asterisk.

Top

图3–6 《欧盟官方公报》正式发布欧盟碳关税的截图

从征税时间来看，2023–2025 年为过渡期，于 2026 年正式实施。在 CBAM 的过渡期内，CBAM 所覆盖的欧盟产业仍将获得应得的免费配额；2026–2034 年，欧盟产业免费配额比例逐年递减、有偿配额的比例逐年递增，到 2034 年免费配额将会全部退出。进口商 CBAM 的缴纳比例与欧盟产业有偿配额的比例相同，从而拉平进口产品与欧盟产品的碳成本。

从征税产品来看，根据欧洲议会最新提案，CBAM 纳入行业包括电力、钢铁、水泥、铝、化肥、氢六个行业。CBAM 法案文本明确列出了拟征收关税的具体产品类别和海关 HS 编码。根据欧盟委员会数据，欧盟自中国进口的涉税商品进口额占自我国进口商品总额的 2%，欧盟自中国六种涉税商品进口额见表 3–1。

表 3–1　欧盟自中国涉税商品进口额

商品大类	2020 年进口额 / 亿欧元	2021 年进口额 / 亿欧元	2022 年进口额 / 亿欧元
钢铁	52.72	72.27	95.98
铝	23.86	27.19	45.00
水泥	0.06	0.09	0.11
电力	0	0	0
化肥	0.66	0.34	3.34
氢	0.00	0.00	0.00
总计	77.30	99.89	144.43
占进口总额比重	2.01%	2.11%	2.31%

从征税数额来看，CBAM 费用清缴由欧盟设立统一的执行机构负责。欧盟进口商必须在每年 5 月 31 日前申报上一年进口到欧盟的货物数量以及其中含有的碳排放量，并提交对应数量的 CBAM 电子凭证。CBAM 电子凭证的定价将依据欧盟碳配额（EUA）的每周拍卖均价而设定；如果进口商能够证明生产过程中已经支付了碳成本，那么就可以扣除相应的碳关税。

从影响来看，欧盟 CBAM 的推出对全球减排有积极影响，将加速全球减排的步伐，有助于促进国际贸易体系向着更加低碳的方向转变。但与此同时，此举也将提高外部产品进入欧盟的门槛，提高欧盟本土产品的市场竞争力；对中国而言，相关行业的出口成本将大幅提升。目前 CBAM 机制涵盖范围仅包括欧委会最初提出的六个行业，短期内不会直接波及石油贸易行业。

CBAM=（碳排放量－欧盟同类产品的免费配额）x（欧盟碳价－出口国碳价）。欧盟进口商需向执行机构申请获得 CBAM 征收范围内产品的进口申报资格，经批准后成为“投权申报人”（注册进口商）才能进口相关产品。每一个注册进口商将在 CBAM 管理系统中拥有一个独立账户。在每年 5 月 31 日前，进口商需向 CBAM 执行机构申报上一自然年度其进口产品中所含碳排放量，以及将要缴纳的与上述排放量相对应的 CBAM 电子凭证（即 CBAM 证书）数量。

假设有一个钢管厂，买进粗钢加工成钢管，再把钢管出口到欧盟。首先钢管厂需要核对出口欧盟的钢铁产品的海关 HS 编码是否为 CBAM 覆盖的钢铁制品，如果属于 CBAM 征收覆盖范围，钢管厂需要核算本厂生产钢管的单位碳强度，然后钢管厂需要填报 CBAM 数据表格并提交给欧盟进口商。在 CBAM 过渡期内，欧盟进口商要按季度向欧盟报告其进口产品的排放量（图 1），不需要为碳排放量支付费用，而钢管厂需要把产品生产的碳排放数据提供给进口商。欧盟进口商首次上缴 CBAM 电子凭证的时间是 2027 年 5 月 31 日之前，上缴数量取决于 2026 年度进口产品的碳排放量。

Occurs	Data element name	Format	Status	Rules	Conditions	
	CBAM Report					
1..1	Report issue date	an20 (YYYY-MM-DDThh:mm:ssZ)	M			
1..1	Draft report ID	an..22	M			
0..1	Report ID	an..22				
1..1	Reporting Period	an2	M			CL Re
1..1	Year	n4	M			
1..1	Total goods imported	n..5	M			
1..1	Total emissions	n..16,5	M			
1..1	--Reporting declarant		M			
1..1	Identification number	an..17	M	R0001		
1..1	Name	an..70	M			
1..1	Role	an..5	M		R0026	CL Ro
1..1	----Address		M			
1..1	Member State of establishment	a2	M			CL Co
0..1	Sub-division	an..35	O			
1..1	City	an..35	M			
0..1	Street	an..70	O			
0..1	Street additional line	an..70	O			
0..1	Number	an..35	O			
0..1	Postcode	an..17	O			
0..1	P.O. Box	an..70	O			
0..1	--Representative		C		R0023 R0024	
1..1	Identification number	an..17	M			
1..1	Name	an..70	M			
1..1	----Address		M			

Report structure v17.00 | R&Cs library v.17 | Definitions | CL Reporting Period | CL Roles | CL Requested procedures | CL Previous proced

图 1　CBAM 过渡期进口商提交报告样式

三、其他国际碳市场

（一）美国加州碳市场

美国加州碳交易市场成立于 2013 年，分别于 2014 年和 2018 年与加拿大魁北克省和安大略省的碳市场实行了连通互认，成为覆盖范围广、影响大的北美地区碳市场，是目前为数不多的跨国界的碳市场。加州碳市场覆盖二氧化碳（CO_2）、甲烷（CH_4）、一氧化二氮（N_2O）、六氟化硫（SF_6）、氢氟碳化物（HFCs）、氟碳化合物（PFCs）、三氟化氮（NF_3）七种温室气体，纳入每年温室气体排放量超过 25000 吨的工厂设施。加州碳市场初始配额发放采用免费碳配额与拍卖相结合的方式，以拍卖为主，每个季度举行一次拍卖，拍卖底价 = 上一年的拍卖底价 x（5%+ 最近 12 个月的 CPI 同比增速）。与此同时，洲际交易所（ICE）推出了加州市场碳配额期货交易，季度拍卖价格对二级市场成交价格具有重要的指导作用。此外，加州空气资源委员会（California Air Resources Board，ARB）也签发了抵消信用，2020 年控排企业 8% 的排放量可使用 ARB 抵消信用履约，2021–2025 年可使用 4%，2026–2030 年可使用 6%；此外，自 2021 年开始，至少有 50% 的抵消信用需要来自加州本地。加州空气资源委员会对碳配额上限做了清晰的规定，每年的碳配额发放量呈现逐年递减的态势，年均递减率为 5%，到 2031 年降至 1.9 亿吨（图 3–7）。

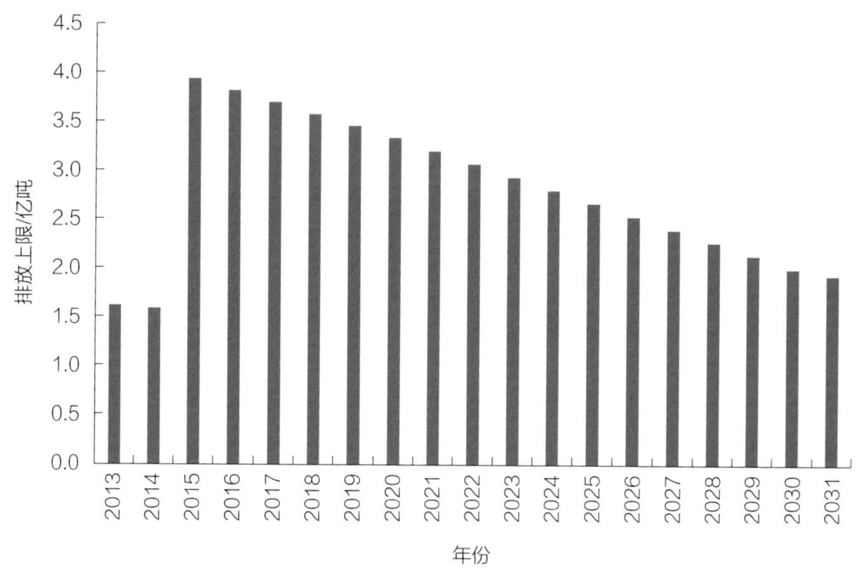

图 3–7　加州碳市场温室气体排放上限

加州 – 魁北克碳市场自 2014 年开始拍卖，拍卖时间分别为每年的 2 月、5 月、8 月、11 月，自 2014 年以来已经举行 30 多次拍卖。2023 年 8 月份，加州 – 魁北克碳市场举行第 36 次拍卖，拍卖价格为 35.1 美元 / 吨，较上次拍卖上涨 4.9 美元 / 吨，总成交量为 6334 万吨，其中现货拍卖量为 5576 万吨，全部为 2023 年年份的现货配额；远期拍卖量为 758 万吨，全部为 2026 年年份的远期配额（图 3–8）。

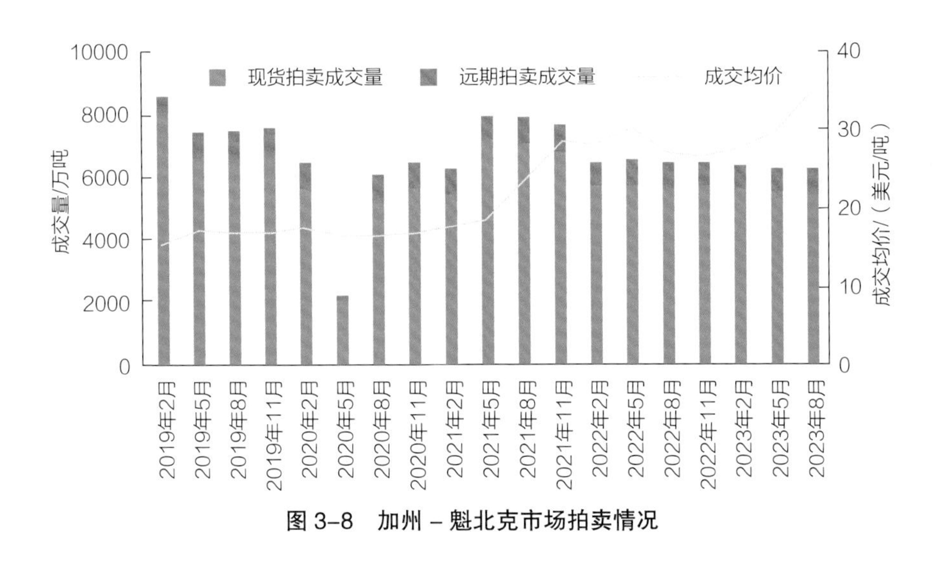

图 3–8　加州 – 魁北克市场拍卖情况

（二）美国 RGGI（区域温室气体倡议）市场

2005 年 12 月，美国特拉华和缅因等 7 个州签订了 RGGI 框架协议，形成了世界上首个主要通过拍卖形式分配碳配额的碳交易体系。当前 RGGI 市场覆盖康涅狄格州、特拉华州、缅因州、马里兰州、马萨诸塞州、新罕布什尔州、新泽西州、纽约州、罗得岛州、佛蒙特州、弗吉尼亚州等 11 个州。

2022 年 RGGI 各州碳配额分配总量为 9702 万吨，其中纽约州、弗吉尼亚州、佛蒙特州和新泽西州居于前列，碳配额分配情况如图 3–9 所示。RGGI 纳入容量为 25MW 以上的化石燃料发电机组，初始碳配额总量由各成员州的碳配额总量加总确定，大部分的初始碳配额以拍卖的形式发放。RGGI 规定三年是一个履约控制期，每年控排电厂只需要提交 50% 的碳配额，到第

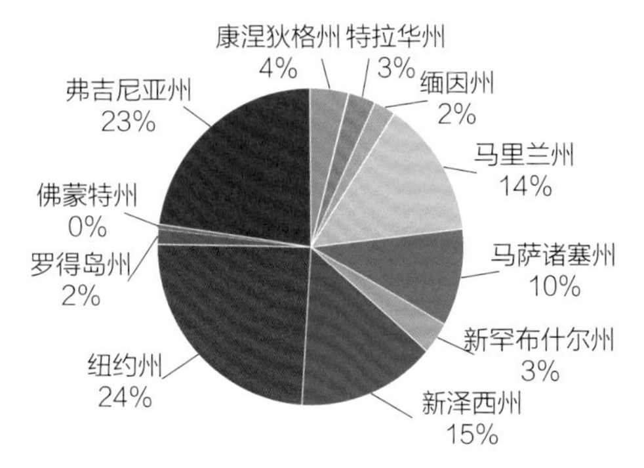

图 3–9　2022 年 RGGI 各州配额总量分配情况

三年需要缴纳当年全部的碳配额以及前两年剩余未提交的碳配额。此外，在 RGGI 每个控制期或过渡控制期，控排电厂 3.3% 的排放量可使用抵消信用履约。RGGI 将抵消信用仅局限于五个项目类别，包括垃圾填埋场甲烷捕捉、六氟化硫减排、林业和植树造林、终端使用效率、农业甲烷减排，减排项目必须位于 RGGI 所属州内。

RGGI 市场自 2008 年开始启动拍卖机制，拍卖时间为每年的 3 月、6 月、9 月、12 月。2022 年 12 月，RGGI 举行第 58 次拍卖，成交均价为 12.99 美元 / 吨，较上季度下跌 0.46 美元 / 吨，总成交量为 2223 万吨（图 3-10）。此外，二级市场方面，洲际交易所（ICE）也推出了 RGGI 碳配额期货交易，但市场成交规模较小，仅为加州碳配额成交量的 1/20，而加州碳配额期货交易量则是欧盟碳配额成交量的 1/20。

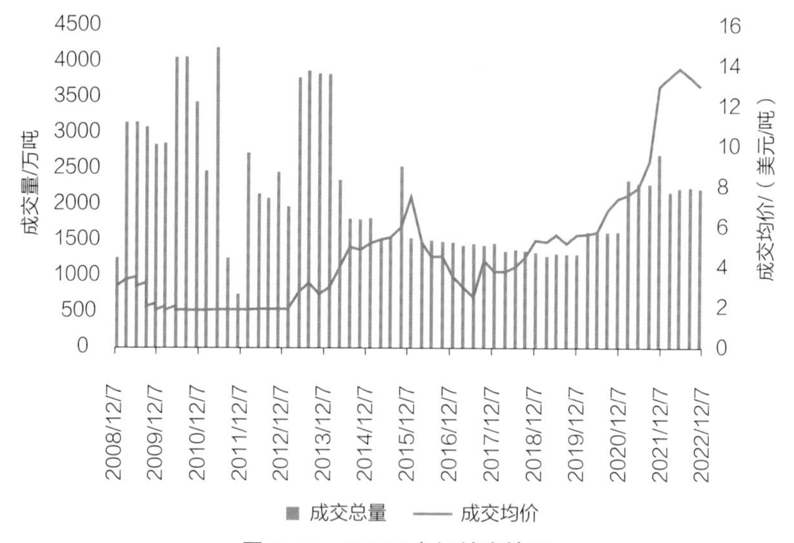

图 3-10　RGGI 市场拍卖情况

（三）韩国碳市场

韩国碳交易市场成立于 2015 年，是亚洲第一个国家级的碳市场，是目前全球唯一一个允许使用国外碳信用履约的国家级碳市场。韩国碳市场的发展分为三个阶段，2015-2017 年为第一阶段：碳配额

（KAU）分配总量为 16.86 亿吨，全部为免费分配；2018–2020 年为第二阶段：碳配额分配总量为 17.96 亿吨，免费配额的比例为 97%，拍卖的比例为 3%；2021–2025 年为第三阶段：碳配额总量为 30.48 亿吨，免费分配的比例不超过 90%。第三阶段覆盖电力、工业、建筑、交通、废弃物处理和公共部门，总计年排放量约 6 亿吨，约占韩国总排放量的 73.5%。此外，韩国碳市场还有碳信用机制 KCU（Korea Credit Unit），可使用比例为 10%。

与其他国家不同的是，韩国的配额 KAU、碳信用 KCU 带有年份，KAU 可用于当期履约，KCU 只能用于当年履约。以 2023 年下半年为例，韩国碳市场可交易品种包括 2023–2025 年份的配额（KAU）、2023 年份的碳信用（KCU）和海外碳信用（i–KCU），标注年份的交易品种在次年 8 月完成交易并退出。从成交情况来看，市场交易量几乎全部来自 2023 年份碳配额 KAU，其他品种极少成交。据韩国交易所 KRX 统计，2023 年 7 月份至 12 月份，韩国 2023 年份碳配额 KAU 成交价格平均为 7.6 美元 / 吨（9880 韩元 / 吨），总计成交约 805 万吨。2023 年份 KAU 碳配额于 2023 年 8 月 31 日注销，成交情况如图 3–11 所示。

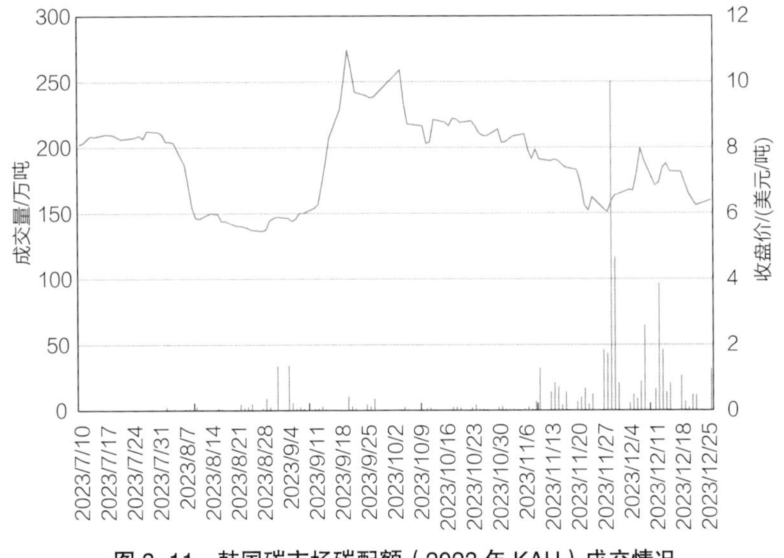

图 3–11　韩国碳市场碳配额（2023 年 KAU）成交情况

四、全球自愿减排交易

自愿减排市场是强制减排市场的重要补充。全球自愿减排市场主要机制为联合国清洁发展机制（CDM）、核证减排标准（Verified Carbon Standard，VCS）、黄金标准（Gold Standard，GS）、美国碳注册登记簿（American Carbon Registry，ACR）、美国气候行动储备方案机制（Climate Action Reserve，CAR）、中国核证自愿减排机制（CCER）。其中，CDM 方法学开发产生 CER，VCS 方法学开发产生 VCU，GS 方法学开发产生 VER，ACR 项目开发产生 ERT，CAR 项目开发产生 CRT，目前国际减排项目主要是线下交易。CDM 是最早期的减排项目，在 CDM 价格崩盘之后国际市场转为使用 VCS 和 GS，VCS 和 GS 的方法学最初主要引用自 CDM 方法学，之后也在进行不断改进。

从签发量来看，当前核证减排标准（VCS）、黄金标准（GS）、美国碳注册登记簿（ACR）、美国气候行动储备方案（CAR）四大自愿减排机制占主导地位，几乎占据每年全球自愿减排信用总量的 3/4，VCS 成为国际上使用最广泛的自愿减排方法学。据世界银行统计，2022 年全球碳减排项目新签发的碳减排量达到 4.75 亿吨，其中 VCS 新注册项目 110 个，签发减排量 2.95 亿吨，是国际市场最大的独立碳减排机制。全球的主要自愿减排机制见表 3-2。

表 3-2　全球主要自愿减排机制

方法学	减排量	累计签发量 / 亿吨	注册地址	现状
VCS	VCU	11.14	美国华盛顿	国际上使用最广泛
GS	VER	2.61	瑞士日内瓦	国际上第二大减排机制
ACR	ERT	2.42	美国阿肯色	全球首个私营自愿补偿机制
CAR	CRT	1.89	美国洛杉矶	主要适用于北美国家项目

续表

方法学	减排量	累计签发量 / 亿吨	注册地址	现状
CDM	CER	23	德国伯恩	逐步退出历史舞台
UERV	UER	0.08	德国柏林	主要针对上游油气项目

数据来源：verra、CDM、ACR、CAR 等，Unipec Research & Strategy（URS）。总签发量统计截止日期为 2023 年 5 月。

（一）清洁发展机制（CDM）：或将逐步退出历史舞台

核证减排量（Certified Emission Reduction，CER）源于《京都议定书》中提出的一种市场化减排手段——清洁发展机制（Clean Development Mechanism，CDM），曾是全球影响力最大、影响范围最广的减排机制。该机制允许《京都议定书》中发达国家借助自身的资金或技术优势，在发展中国家开发清洁项目，如建筑节能、森林碳汇、风电水电等项目，项目所实现的减排量在获得世界 CDM 理事会认可后，发达国家可以取得相应的二氧化碳减排量，这些减排量被核实认证后，成为核证减排量（Certified Emission Reduction，CER），可用于发达国家完成自身减排指标。2022 年 CDM 方法学签发的减排量为 11.5 亿吨，但只有三个新增注册项目；截至 2023 年 5 月已经累计签发 23 亿吨。

2005–2012 年，中国 CDM 注册项目数量大幅增长，这一期间注册备案项目占比 95%，特别是 2012 年注册项目达 3000 多个，超过 50% 的项目来自中国。随着京都议定书第一阶段以及欧盟碳交易体系第二阶段于 2012 年底结束，欧盟严格限制抵消机制 CER 的使用，只接受最不发达国家新注册的 CDM 项目。受此影响，CDM 项目的 CER 签发量严重供给过剩，价格一度下跌到不足 1 欧元 / 吨，相对 2011 年的最高点下降了 90% 以上。目前，国际市场上 CER 的签发几乎处于停滞状态，预计未来 CDM 方法学将逐步退出历史舞台。

（二）核证减排标准（VCS）：国际上使用最广泛的自愿减排机制

VCS（Voluntary Carbon Standard）是由气候组织、国际排放交易协会以及世界经济论坛联合于 2005 年开发，是国际上使用最为广泛的自愿减排机制。项目通过 VCS 减排机制签发产生 VCU（Verified Carbon Units），一个 VCU 代表从大气中减少或清除一吨温室气体。2023 年 VCS 减排机制签发减排量 1.23 亿吨；截至 2024 年 2 月，已经累计签发减排量 12.12 亿吨。2010 年以来 VCU 签发量情况见图 3–12。VCS 标准有近 60 多种国际认证的方法学，适用的项目类型覆盖可再生能源、制造业、化学工业、建筑业、交通运输、采矿业、金属制造原料外溢排放、工业气体外溢排放、溶剂使用、垃圾处理和填埋、农业林业和其他土地利用、畜牧业及肥料管理、二氧化碳捕集和储存等。在联合国清洁发展机制（CDM）下开发的任何方法学都可以用于在 VCS 注册的项目。

近年来，VCS 项目从 10 欧元 / 吨高点一度暴跌至近 1 欧元 / 吨。一方面，俄乌冲突爆发及持续使得欧洲能源价格飙升，欧洲多国受能源危机影响调整能源政策，投资者信心受到打击，全球碳市场交易量大幅下降；另一方面，2022 年底 Verra 林业碳汇项目有效性遭到质疑，导致碳抵消市场需求骤减，尽管后期 Verra 修正了项目方法学，但买方观望情绪浓厚，VCS 价格持续低位运行。

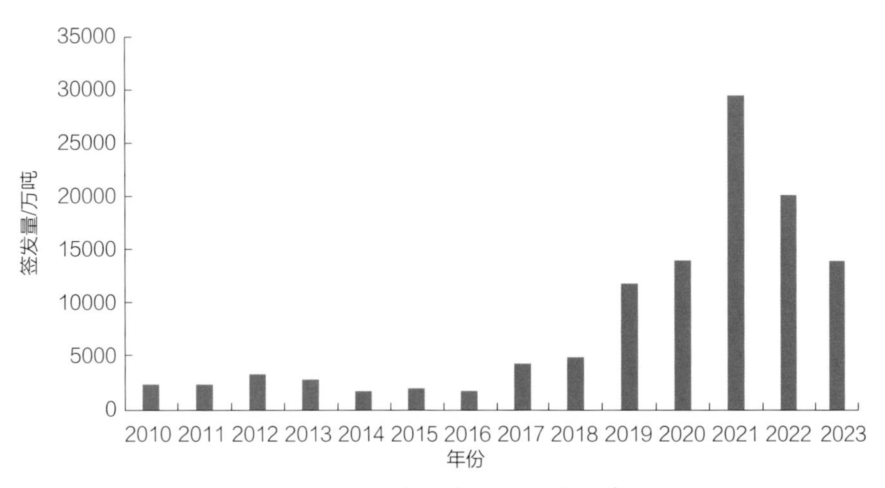

图 3-12　2010 年以来 VCU 签发量情况

为确保减排量 VCUs 的签发，一个项目必须经过以下五步。第一步：选择方法学。项目需要通过 VCS 标准或其他类型清洁发展机制（CDM）标准选择一个适用的方法学。第二步：项目描述及公示。项目描述及公示业主需要在 VCS 注册处开设账户并提交项目书进行公示。第三步：审定项目书。项目业主需要聘用经审批通过的独立第三方审核机构出具核查报告。第四步：核实减排量。项目业主需要聘请核查机构对检测报告中的减排量进行核查并出具报告。第五步：签发核证减排量。项目业主提交签发减排量的申请，VCS 登记注册处审核并签发相应减排量 VCU。

东南亚清洁烹饪项目案例

许多东南亚农户使用煤炭、木材、禽畜粪便、农作物废弃物等固体燃料，通过明火做饭和取暖。这些固体燃料的收集费时费力，而且它们燃烧产生的油烟不仅造成室内空气污染，还因含有PM2.5细颗粒物引发心脏病、肺病、呼吸感染疾病。为改善传统烹饪方式带来的问题，当地政府分发清洁高效炉灶给100万农户，帮助当地人使用高效清洁的烹饪方案，不仅减少了油烟和温室气体排放，而且对当地人健康带来明显改善。该项目使用VCS方法学开发成减排量，周期总减排量约为7500万吨二氧化碳当量。

（三）黄金标准（GS）：全球第二大独立碳信用机制

黄金标准（Gold Standard，GS）的全称是“全球目标的黄金标准”（Gold Standard for the Global Goals，GS4GG），由世界自然基金会（WWF）和多家国际非政府组织（如南南－南北合作组织、国际太阳组织等）于2003年联合创建，其管理机构为黄金标准基金会，登记机构为黄金标准登记处（Gold Standard Registry）。

GS备案的该机制所签发的碳信用名为黄金标准核证减排量（Golden Standard Verified Emission Reductions，简称GS VERs或VERs），适用的项目类型包括增加土壤碳活性、再造林、动物粪便管理、减少动物甲烷排放等农林项目，生物燃料、电气化、生物质残渣燃烧锅炉、可再生能源发电等可再生能源和能源使用效率提升项目。

2023年，GS减排机制共签发减排量6095万吨；截至2024年2月，已累计签发减排量3.13亿吨。按签发减排量计算，是仅次于VCS的全球第二大独立碳信用机制。2010年以来VER签发量情况见图3-13。

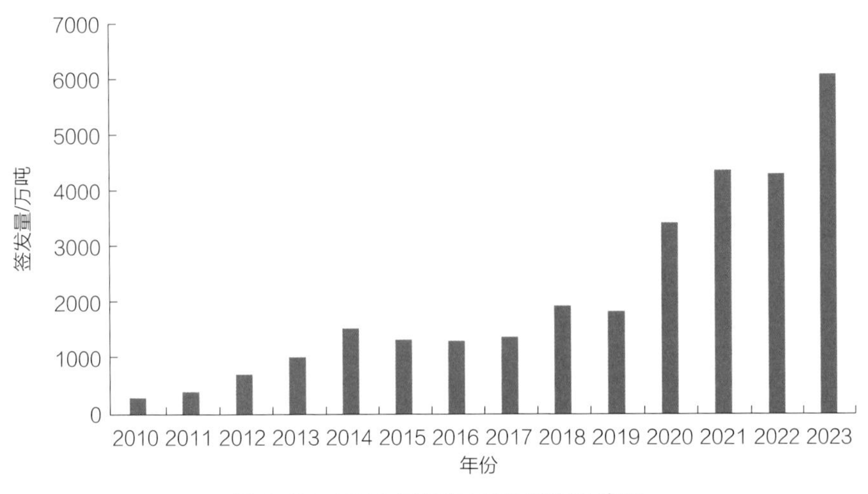

图 3-13　2010 年以来 VCU 签发量情况

作为清洁发展机制 CDM 和联合履约机制 JI 的补充性认证机制，GS 在延续 CDM 理念的同时，高度关注自愿减排项目的社会影响等协同效益，会严格评估项目是否在增加当地就业、保护本地居民传统文化、改善社区的教育和卫生健康状况等方面做出了应有的贡献。已获得注册的 CDM 项目在满足一定条件的情况下，可以申请转为 GS 项目。

VER 的签发主要包括五个步骤：

（1）项目业主在黄金标准线上平台注册，并支付注册年费 1000 美元。

（2）提交项目文件，包括业主咨询报告、项目设计文件以及黄金标准核验机构（VVB）的验证报告。

（3）除了机密文件外，所有项目文件需要通过黄金平台进行公示。

（4）由经过联合国指定的第三方认证机构进行独立评估，包括材料审查和实地考察，以确保项目符合黄金标准要求。

（5）由黄金标准合作机构 SustainCERT 在确认项目取得的气候和可持续发展影响，并颁发认证黄金标准项目的标识和黄金标准认证产品。

（四）上游碳减排机制（UER）：德国量身打造的碳信用机制

UER（Upstream Emission Reduction）是德国政府专门针对油气行业上游自愿减排项目所设立的碳信用机制，发生于汽油、柴油和液化气原材料等到达炼厂或其储存设施之前任何环节的温室气体减排项目，经德国环境署审核通过后，可以获得 UER 减排量的签发。根据德国现行立法，从 2020 年起，该国境内的化石燃料销售企业，必须每年将其所销售燃料的温室气体排放量削减 6%，这些企业最多可以使用 UERs 抵消其减排配额的 1.2%。

UER 机制下可以开发的典型上游减排项目有：原油生产中伴生气的燃烧、原油生产中的能源效率提升、在生产原油时使用可再生能源、运输原油的交通转移（例如从卡车到管道）、国际原油运输效率提高等。例如，壳牌公司新疆哈得墩镇油田伴气开采与利用、巴州天图石油技术服务有限责任公司塔里木油田伴生气的开采与利用、OMV 下游公司塔里木油田月满区块伴生气开采与利用、中石油吉林油田余热利用项目等。

2023 年，UER 减排机制签发减排量 221 万吨；截至 2024 年 2 月，总计签发量为 927 万吨（图 3–14）。

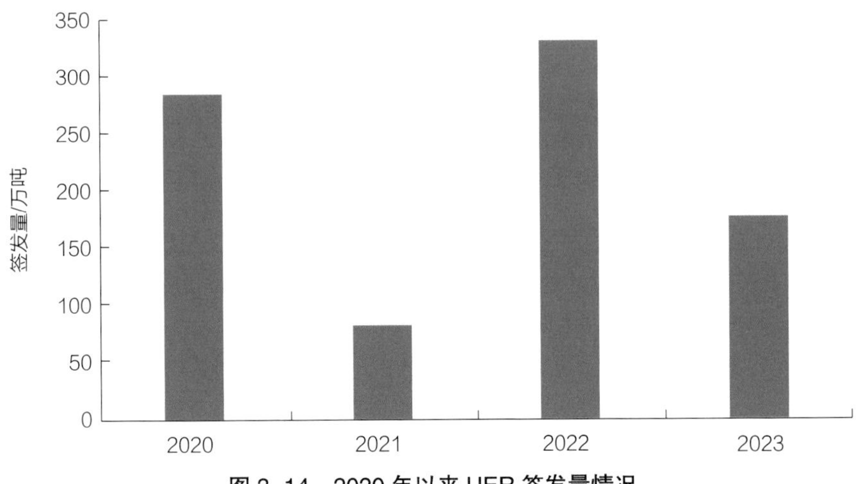

图 3–14　2020 年以来 UER 签发量情况

与其他减排机制不同，上游减排项目需要在正式开工前完成 UER 减排量的预注册。UER 减排量签发包括以下八个步骤：一是项目业主确定并计划项目活动以减少上游排放，准备项目设计文件；二是项目设计文件必须由德国环境署认可的第三方核证机构进行核证并编写核证报告；三是项目业主向德国环境署提交项目活动报批表、项目设计文件、核证报告等申请文件材料；四是德国环境署在收到申请文件后，两个月内做出接受或拒绝该项目的决定；五是 UER 项目的抵消时间最长是一年且不能中断，最早可以在通知德国环境署后的第一天开始；六是项目活动实现的上游减排必须受到严格监测，并由核查机构核查，如果项目每年减排量超过 6 万吨二氧化碳当量，则必须由两个不同的机构进行验证和核查；七是如果清洁发展机制项目下的减排量 CER 转换为 UER 证书，则必须证明 CER 已被取消；八是控排企业必须在履约年的次年 4 月 15 日将 UER 转入账户进行排放抵消，UER 证书可以在欧洲内部使用。

（五）美国碳注册登记簿（ACR）：全球首个私营自愿补偿机制

美国碳注册登记簿（American Carbon Registry，ACR）设立于1996年，是全球首个民营自愿补偿机制，该登记处的运营商 Winrock International 参与制定全球许多森林项目补偿标准。ACR 产生的碳减排量标记为 ERTs（Emission Reduction Tons），一个 ERT 表示从大气中减少或去除 1 吨二氧化碳。2023 年 ACR 减排机制签发减排量 3736 万吨；截至 2024 年 2 月已经累计签发减排量 2.70 亿吨。ERT 签发量情况见图 3-15。ACR 登记的抵消项目类型包括造林和再造林、改善森林管理、避免将草地和灌木林转化为农作物生产、加利福尼亚三角洲和沿海湿地的恢复、北美煤矿甲烷捕集及处理、破坏臭氧消耗物质（ODS）、使用经认证的再生 HFC 制冷剂和先进的制冷系统等。

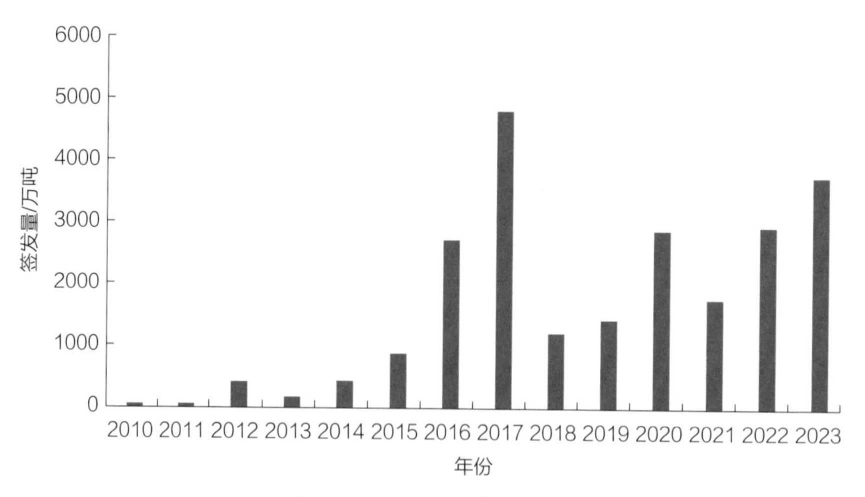

图 3-15 ERT 签发量情况

2012 年，ACR 被批准为加州总量控制和交易机制的抵消项目登记处，加利福尼亚州的控排企业可以使用 ACR 抵消信用履行减排义务；2020 年，ACR 获得国际民用航空组织（ICAO）理事会的批准，可根据国际航空碳抵消和减排计划（CORSIA）提供符合条件的 ACR 减排量。从实际操作来看，ACR 主要通过电子注册系统 APX 进行注册和登记，买方和卖方双方在场外交易后，交易对手在登记处记录所有权的转移。所有的项目开发者、验证 / 验证机构（VVBs）、贸易商和零售商必须开通 ACR 账户，并通过电子邮件提交补充文件。

（六）美国气候行动储备方案（CAR）：适用于北美国家项目

气候行动储备 CAR（Climate Action Reserve）是一个总部设在加利福尼亚州洛杉矶的私人非营利组织，CAR 减排机制产生的自愿减排量标记为 CRTs（Climate Reserve Tonnes），一个 CRT 表示从大气中减少或去除 1 吨二氧化碳。2023 年 CAR 减排机制签发的减排量为 1347 万吨；截至 2024 年 2 月已经累计签发减排量 2.02 亿吨 CRTs。CRT 签发量情况如图 3-16 所示。CAR 减排机制适用的抵消项目类型包括：己二酸生产的氧化亚氮（N_2O）减排技术、硝酸生产的氧化亚氮（N_2O）减排技术、草地温室气体减排、煤矿甲烷气体减排、减少森林碳排放、减少臭氧层消耗物质、转移和厌氧消化有机废物等，项目地点全部在美国和墨西哥。

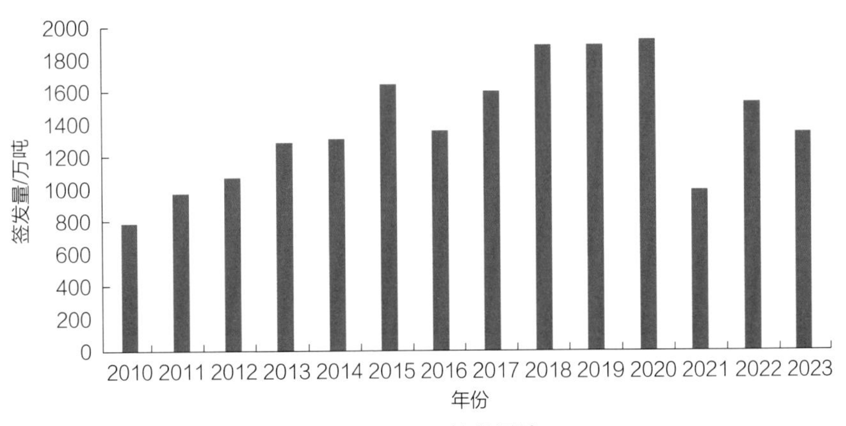

图 3-16　CRT 签发量情况

CAR 还被加州空气资源委员会（Air Resources Board，ARB）批准作为加州总量与控制交易机制（Cap-and-trade）的抵消项目登记处。

作为抵消项目登记处，CAR 负责公布抵消项目，并颁发注册抵消信用，然后注册抵消信用提交给加州空气资源委员会进行最终评估，并有望转为加州空气资源委员会（ARB）抵消信用以用于履约。

（七）全球碳理事会 GCC：中东和北非地区唯一全球性自愿碳信用机制

GCC 的全称是 Global Carbon Council，一般翻译为“全球碳理事会”，于 2016 年成立，其前身为全球碳信托基金（Global Carbon Trust，GCT）。作为中东和北非地区唯一一个全球性的自愿碳信用机制，GCC 总部和秘书处均位于卡塔尔多哈，并设有咨询委员会、指导委员会等机构。2021 年 3 月 19 日，GCC 被联合国国际民航组织（ICAO）正式纳入国际航空碳抵消和减排计划（CORSIA），符合特定筛选条件的 GCC 机制减排量可以获得 C+ 标签。截至 2023 年底，在 GCC 成功注册的项目共有 44 个，其中绝大部分为光伏、风电等可再生能源项目，合计二氧化碳减排量约 349 万吨/年（图 3–17）。

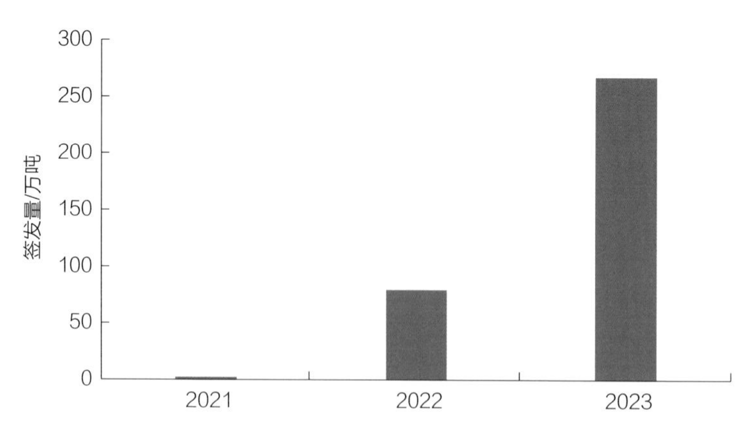

图 3–17　2021 年以来 GCC 自愿减排量签发情况

与 VCS、GS 等碳信用机制类似，碳减排项目在申请注册 GCC 时，可以沿用 CDM 方法学，也可以根据需要，按照 GCC 的方法学开发标准，自行开发适用于特定国家、地区的新方法学。截至 2023 年三季度末，GCC 已发布了 5 个方法学，其中包括了抽水系统节能、可再生能源海水淡化等极具中东和北非地区特色的方法学。关于 CCUS（二氧化碳捕捉、利用与封存）、DAC（直接空气捕捉）、并网储能建筑节能，以及工业界和低碳交通等领域的方法学也在开发中。

GCC 的碳信用登记平台由咨询机构 IHS Markit 设计、运营和维护。依托这一平台，GCC 的运营团队可以持续跟踪碳信用的整个生命周期，在确保碳信用签发、抵消等环节公开透明的同时，防范可能出现的重复计算问题。GCC 不仅向符合要求的温室气体减排项目签发碳信用 Approved Carbon Gredits（AACs），而且会根据项目对于联合国可持续发展目标（SDG）的实现情况发放 SDG+ 认证标签。如果项目承诺在运营期间不会对环境和社会造成净损失并顺利兑现，还可以获得额外的环境增益标签（E+）和社会增益标签（S+）。

（八）REDD+：专门针对森林碳汇的应对气候变化框架

REDD+ 是由《联合国气候变化框架公约》（UNFCCC，《气候公约》）缔约方会议制定的自愿性应对气候变化框架。

在 2005 年举行的联合国气候变化框架公约第 11 次缔约方会议（COP11）上，哥斯达黎加和巴布亚新几内亚代表雨林国家联盟首次提出，要采取措施减少发展中国家因森林砍伐和林地退化而造成的温室气体排放。两年以后，在 2007 年的 COP13 会议期间，缔约国再次重点讨论了这一议题，并同意建立名为 REDD（Reducing Emissions from Deforestation in Developing countries）的机制框架。

随着 REDD 相关方法学、MRV 等机制的不断完善，在 2010 年的 COP16 会议上，各缔约国达成了更加广泛的共识，认为发展中国家为保护和增加森林碳汇蓄积量而做出的努力，如减少毁林、防止森林退化、加强境内森林的可持续管理等，都为人类社会的可持续发展和温室气体减排做出了实质性的贡献，从而将 REDD 扩展为 REDD+，并基于这一共识，对既有的框架制度做出进一步的修订。到 2015 年的 COP21 会议闭幕时，REDD+ 相关的规则体系已经基本完成，所涵盖的项目活动扩展为“减少森林砍伐造成的排放”“减少森林退化造成的排放”“保护森林碳汇”“森林的可持续管理”“增加森林碳汇”五项，其中前两项是雨林国家联盟于 2005 年列出，后三项则构成了 REDD+ 中的“+”部分。在 REDD+ 的制度框架之下，发达国家、企业和消费者可以通过购买碳信用，为保护雨林和恢复林地等行为提供资金支持。此外，除了在碳减排方面的贡献以外，是否惠及当地社区，也是 REDD+ 项目能否顺利注册备案的关键因素。例如，是否为当地社区提供了额外的就业和收入，是否对当地居民和社区的传统文化、风俗习惯等人文权利予以尊重和保护，是否有助于改善当地的教育和医疗卫生条件等。

与 VCS 等独立碳信用机制不同的是，REDD+ 是 UNFCCC 缔约方制定的多边应对气候变化协议框架，其项目来自国家或地区层面，减排量的计算方法由《气候公约》的缔约国集体商定，并由 UNFCCC 秘书处管理。但是随着相关理念的深入人心，国际民用航空组织（ICAO）开始将 REDD+ 机制下签发的碳信用纳入 CORSIA 机制，基于国家公园等项目或 VCS 等独立碳信用标准的 REDD+ 类型碳信用也得到了市场的认可。

Dr.Carbon

成功注册的 REDD+ 项目主要分布于非洲、南美洲和东南亚等地区，例如启动于 2003 年的巴西亚马逊地区保护区计划、启动于 2011 年的印度尼西亚 RimbaRaya 生物多样性保护区项目和肯尼亚 Kasigau 走廊 REDD+ 项目等。

（九）核证减排量期货：全球首个减排量期货品种

2021 年 3 月以来，芝加哥商品交易所（CME）联合美国 Xpansiv 公司旗下 CBL 相继推出全球碳排放抵消期货合约 GEO、基于自然减排项目的全球碳排放抵消期货合约 N-GEO、核心全球排放抵消期货合约提供 C-GEO，成为全球首批减排量期货合约品种。这三个产品均提供未来 3 年的月度合约，逐步成为国际核证减排量的定价参考标准。从交割结算来看，N-GEO 和 C-GEO 只允许 VCS 项目交割，GEO 期货允许交易三类符合 CORSIA 资格的自愿减排信用，包括 VCS、ACR 和 CAR，这三类自愿减排信用标准均在美国碳注册登记簿机构进行交割。

2022 年年底以来，Verra 林业碳汇项目的有效性遭质疑，导致碳抵消市场需求骤减，VCS 价格呈现单边下跌态势。2023 年，基于自然减排项目的全球碳排放抵消期货合约 N-GEO 首行合约均价为 1.83 美元/吨，同比下跌 80%；N-GEO 全部期货合约日均成交量为 33 万吨，其中 2023 年 12 月份合约最活跃，日均成交量占总成交量的 66%。自愿减排量期货合约首行价格走势如图 3-18 所示。

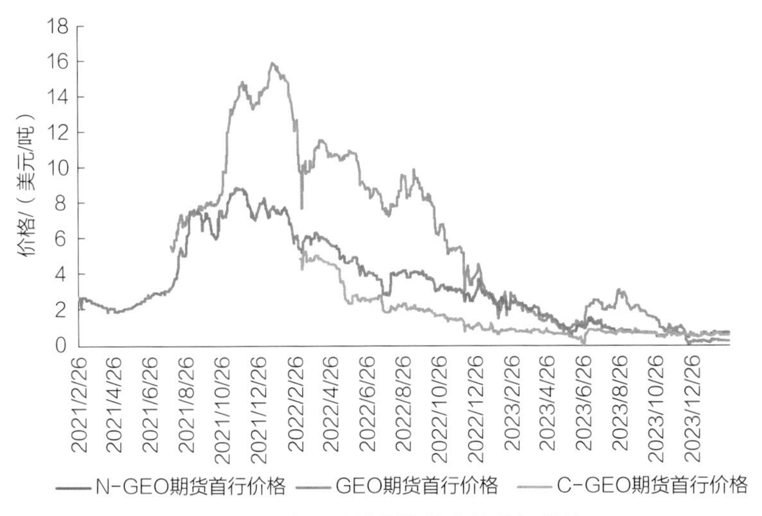

图 3-18　自愿减排量期货合约首行价格

第四章

国内碳交易现状

亲爱的读者们，我是碳博士。与欧美等运行时间相对更长、更成熟的碳市场相比，我国碳市场建设还处于刚刚起步阶段。目前国内碳市场建设的进展如何？还存在哪些问题？咱们常说的 CCER 又是什么？本章碳博士将带大家共赴“碳”索之路。

一、国内碳市场政策体系

实现碳达峰、碳中和，是以习近平同志为核心的党中央统筹国内国际两个大局做出的重大战略决策，围绕这一目标，我国构建起了碳达峰、碳中和“1+N”政策体系。其中“1”是2021年10月24日出台的《中共中央 国务院关于完整准确全面贯彻新发展理念做好碳达峰碳中和工作的意见》（以下简称《意见》）；“N”的内容更为丰富，为首的是《2030年前碳达峰行动方案》，以及重点领域和行业政策措施行动。其中重点领域和行业政策措施行动主要由两部分构成：一是重点领域、重点行业实施方案，包括能源、工业、交通运输、城乡建设、农业农村、减污降碳等重点领域实施方案，煤炭、石油天然气、钢铁、有色金属、石化化工、建材等重点行业实施方案。二是双碳支撑保障方案，主要包括科技支撑、财政支持、统计核算等支撑保障方案等（图4–1）。同时，各省区市均已制定了本区域碳达峰实施方案。

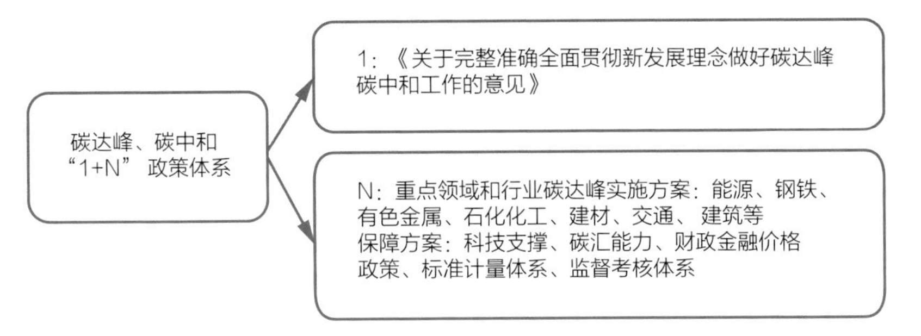

图4–1 碳达峰、碳中和"1+N"政策体系

资料来源：中国政府网。

《意见》通过设定碳达峰、碳中和的基本工作原则，明确提出分阶段目标，明确了碳达峰、碳中和工作的时间表、路线图、施工图，特别是明确了我国双碳工作的三个阶段的主要目标：2025年为实现碳达峰、碳中和奠定坚实基础，2030年二氧化碳排放量达到峰值并实现稳中有降，2060年碳中和目标顺利实现。为此，《意见》进一步提出了具体的分解目标，包括降低传统能源消耗比例、提高新型能源利用率等。各阶段目标见表 4–1。

表 4–1　我国碳达峰、碳中和主要目标

项目	2025 年	2030 年	2060 年
整体目标	为实现碳达峰、碳中和奠定坚实基础	二氧化碳排放量达到峰值并实现稳中有降	碳中和目标顺利实现
绿色发展	绿色低碳循环发展的经济体系初步形成	经济社会发展全面绿色转型取得显著成效	绿色低碳循环发展的经济体系和清洁低碳安全高效的能源体系全面建立
能源利用效率	重点行业大幅提升	重点能耗行业达到国际先进水平	达到国际先进水平
单位 GDP 能源消耗	比 2020 年下降 13.5%	大幅下降	—
单位 GDP 二氧化碳排放	比 2020 年下降 18%	比 2005 年下降 65% 以上	—
非化石能源消费比重	20%	25%	80% 以上
风电、太阳能发电总装机容量	—	12 亿 kW 以上	—
森林覆盖率	24.10%	25%	—
森林蓄积量	180 亿 m^3	190 亿 m^3	—

资料来源:《中共中央 国务院关于完整准确全面贯彻新发展理念做好碳达峰碳中和工作的意见》。

在双碳“1+N”政策体系中，“N”除了重点领域和行业的实施方案，还包括保障措施。2021 年 10 月 26 日，紧随《意见》发布，国务院印发《2030 年前碳达峰行动方案》(以下简称《方案》)。《方案》在以下四个方面为碳达峰、碳中和建设提供政策保障:

第一，建立统一规范的碳排放统计核算体系。参与国际碳排放核算方法研究，建立更为公平合理的碳排放核算方法体系，其中方法学研究是推动建立核算体系的核心内容。

第二，健全法律法规标准，包括法律法规、标准体系两个层面。法律法规方面包括推动能源法等法律制度修订；标准体系方面包括强制性、核算、报告、核查、碳足迹标准制度修订，加强与国际标准的协调。

第三，完善绿色经济政策。通过市场政策促进引导和扶持促进清洁能源、清洁交通、绿色建筑等低碳减排领域的发展。

第四，建立健全市场化机制，包括发挥全国碳排放权交易市场作用，完善配套制度，逐步扩大交易行业范围，做好与能耗双控制度的衔接。

第一阶段拟纳入全国碳交易体系的行业及子行业如图 4-2 所示。

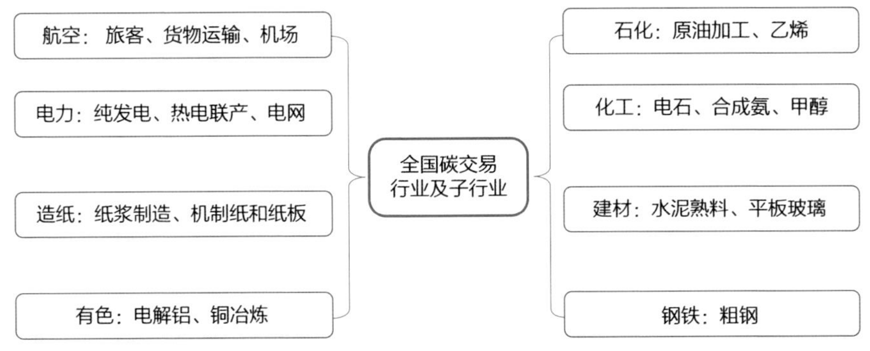

图 4-2　第一阶段拟纳入全国碳交易体系的行业及子行业

资料来源：国家发改委。

二、地方试点碳市场

（一）我国地方试点碳市场发展历程

我国一直以来高度重视碳排放交易体系的建设，历次国民经济和社会发展规划纲要中均有相关表述。“十二五”规划纲要中提出，逐步建立碳排放权交易市场。“十三五”规划纲要明确建立碳排放配额管理制度，实施碳排放权交易。“十四五”规划和 2023 年远景目标纲要中指出要推进碳排放权市场化交易。我国碳交易市场的发展路径是：地方交易所建立→建立试点碳交易市场→运行试点碳交易市场→启动全国碳交易市场→启动全国 CCER 市场。至今我国碳市场已经历十余载建设历程，总体上可以分为三个阶段：地方试点阶段、全国碳市场建设和全国碳市场落地运行阶段。

第一阶段（2011–2017 年）地方试点阶段：2011 年，根据《关于开展碳排放权交易试点工作的通知》，在北京、天津、上海、重庆、广东、湖北、深圳等七个省市开展碳排放权交易试点。2013 年七个地区相继建立交易所；2016 年，海峡资源环境交易中心（福建）成为第八个市场，同年，四川联合环境交易所开始交易，形成目前地方碳市场 8+1 格局。

第二阶段（2017-2021 年）全国碳市场的建设阶段：2017 年 12 月，国家发改委发布《全国碳排放权交易市场建设方案（发电行业）》，标志着全国碳市场完成总体设计，全国统一碳市场建设正式启动。

第三阶段（2021 年至今）全国碳市场落地运行阶段：2021 年 7 月 16 日，以电力行业为对象的全国统一碳市场已正式上线，原先纳入试点碳市场电力行业企业纳入全国碳市场管控，试点碳市场规模逐渐萎缩。未来随着水泥、有色、钢铁等行业继续纳入全国碳市场，试点碳市场规模将会进一步下降。

2024 年 1 月 22 日，经过 7 年时间的酝酿，全国温室气体自愿减排交易市场（全国 CCER 市场）正式上线重启，全国碳市场也形成了配额市场主导，自愿减排市场为辅的双轮发展格局。

（二）我国碳试点交易布局与启动

2013 年 6 月 18 日，第一个试点碳排放权交易市场——深圳碳市场启动交易。此后，二省五市试点市场陆续启动，制定配套法规，启动碳交易。上海、北京、广东、天津市场分别于 2013 年 11 月 26 日、11 月 28 日、12 月 19 日、12 月 26 日启动。2014 年 4 月 2 日、6 月 19 日，湖北、重庆分别启动碳排放权交易。福建省于 2016 年 12 月 22 日启动碳交易市场，成为国内第八个碳交易试点市场。以上八个试点地区总人口、能耗及 GDP 三项指标分别占全国的 20% 左右，其经济发展、产业结构、能源消费、温室气体排放各有特点，代表性强。从地域方面来看，八个试点地区遍布中国东部、中部和西部，目的是在不同发展地区探索中国进行碳交易的制度、机制，为建立全国碳交易市场做准备。2016 年 12 月 16 日，四川碳市场在四川联合环境交易所开市，成为全国首个非试点地区开展碳交易的市场。

（三）碳交易试点机制设计

从机制设计基本框架来看，各地方试点市场大致相同，均采用类似欧盟碳市场（EU–ETS）的制度设计，即总量控制下的排放权交易，同时接受一定比例的我国核证自愿减排量（CCER）抵消，即主要交易产品为配额和 CCER，交易方式包括协议转让、单向竞价或者其他符合规定的方式，其中协议转让交易包括挂牌协议交易和大宗协议交易。

自启动以来，各试点碳市场分别在制度体系建设、覆盖范围、配额分配、交易方式、交易品种等方面进行了不同的探索，结合区域特点，因地制宜，细节存异。

1. 立法及政策制定

深圳和北京试点市场的指导政策以地方人大立法形式发布，2012 年 10 月深圳市人大通过《深圳经济特区碳排放管理若干规定》，2013 年 12 月北京市人大通过《北京市人民代表大会常务委员会关于北京市在严格控制碳排放总量前提下开展碳排放权交易试点工作的决定》。其他市场则均为以政府法令规形式发布相应管理办法（表 4–2）。

表 4–2　碳市场相关的地方法规及政策

时间	地区	交易所名称	配套法规
2022/7/1	深圳	深圳排放权交易所	《深圳经济特区碳排放管理若干规定》 《深圳市碳排放权交易管理办法》 《深圳市碳排放权交易市场抵消信用管理的规定》
2013/11/18	上海	上海环境能源交易所	《上海市碳排放管理试行办法》

续表

时间	地区	交易所名称	配套法规
2014/5/28	北京	北京环境交易所	《关于北京市在严格控制碳排放总量前提下开展碳排放交易试点工作的通知》 《北京市碳排放权交易管理办法(试行)》
2020/5/12	广东	广州碳排放权交易所	《广东省碳排放管理试行办法》
2020/5/12	天津	天津排放权交易所	《天津市碳排放权交易管理暂行办法》
2024/1/19	湖北	湖北碳排放权交易中心	《湖北省碳排放配额投放和回购管理办法(试行)》 《湖北省碳排放权交易管理暂行办法》
2023/9/11	重庆	重庆碳排放权交易所	《重庆市碳排放配额管理细则》
2020/8/7	福建	海峡股权交易中心	《福建省碳排放权交易管理暂行办法》 《福建省林业碳汇交易试点方案》
2021/12/17	四川	四川联合环境交易所	《四川联合环境交易所碳排放权交易规则(试行)》 《四川联合环境交易所碳排放权交易结算细则(暂行)》

资料来源:地方碳交易网站、地方生态环境厅。

2. 覆盖范围

纳入范围方面,我国试点碳市场均覆盖了电力、水泥、石化、钢铁等高能耗、高排放的行业,北京、上海和深圳碳市场还纳入了服务业和大型公共建筑。广东、天津碳市场覆盖的行业排放总量约占地方排放总量的 60%,其他试点碳市场纳入行业的排放总量也分别占各地排放总量的 40% 以上。各试点碳市场覆盖范围基本与地方产业结构和经济发展水平相适应,工业与非工业占比不同。广东、天津、湖北和重庆的第二产业占比及其对 GDP 贡献率约为 50%,单个企业排放量较大,因此纳入企业也多属于第二产业的高排放企业,并且纳入控排企业的门槛也较高。深圳、北京的第三产业占比超过 60%,单个企业排放量较小,工业类企业较少、排放比例偏低,所以这两个碳市场覆盖的第三产业企业较多,如纳入公共建筑和服务业等,纳入控排企业管理的排放量门槛较低。上海属于第二产业和第三产业都比较发达的地区,上海碳市场覆盖的企业也大多属于第二和第三产业,并对工业企业和非工业企业分别设定了不同的纳入门槛。各地方试点覆盖范围情况如表 4–3 所示。

表 4–3　地方碳市场覆盖范围

地区	覆盖范围	纳入标准	企事业数量
深圳	工业（电力、水务、制造业等）和建筑	工业：3000 吨二氧化碳排放量以上；公共建筑：20000m^2；机关建筑：10000m^2	684（2022 年）
上海	电力、钢铁、石化、化工、有色、建材、纺织、造纸、橡胶和化纤；航空、机场、港口、商业、宾馆、商务办公建筑和铁路站点	工业：二氧化碳排放量达到 2 万吨及以上；非工业：二氧化碳排放量达到 1 万吨及以上；水运：二氧化碳排放量达到 10 万吨及以上	323（2021 年）
北京	电力、热力、水泥、石化、其他工业和服务业、交通	5000 吨二氧化碳排放量以上	909（2022 年）
广东	电力、水泥、钢铁、石化、陶瓷、纺织、有色、化工、造纸、民航	年排放 2 万吨二氧化碳或年综合能源消费 1 万吨标准煤	200（2022 年）
天津	电力、热力、钢铁、化工、石化、油气开采、建材、造纸、航空	1 万吨二氧化碳排放量以上	145（2022 年）
湖北	电力、钢铁、水泥、化工、石化、造纸、热力及热电联产、玻璃及其他建材、纺织业、汽车制造、设备制造、食品饮料、陶瓷制造、医药、有色金属和其他金属制品 16 个行业	综合能耗 1 万吨标准煤及以上的工业企业	339（2021 年）
重庆	发电、化工、热电联产、水泥、自备电厂、电解铝、平板玻璃、钢铁、冷热电三联产、民航、造纸、铝冶炼、其他有色金属冶炼及延压加工	温室气体排放量达到 2.6 万吨二氧化碳当量以上（含）	308（2020 年）
福建	电力、钢铁、化工、石化、有色、民航、建材、造纸、陶瓷	年综合能源消费总量达 1 万吨标准煤以上	296（2021 年）

资料来源：路孚特网站及地方生态环境厅。

3. 配额分配

碳排放权配额的分配方式分为免费发放和有偿发放。目前各试点市场均基于历史排放数据，以免费分配为主，部分试点市场在配额分配制度方面不断创新，尝试了拍卖分配。为进行价格管理和成本控制，北京、上海、广东、湖北等市场预留一定配额，并通过有偿竞价拍卖的形式发放。地方碳市场配额发放如表 4–4 所示。

表 4–4　地方碳市场配额发放

市场	分配方式	计算基准	总分配（亿吨二氧化碳当量）
深圳	无偿分配的包括预分配配额、新进入者储备配额和调整分配的配额。有偿分配的配额可以采用拍卖或者固定价格的方式出售	行业基准法、历史强度法、历史排放法	0.25（2021 年）
上海	各行业的免费发放比例 93% 至 99%，无偿分配包括预分配配额和调整分配的配额。有偿分配的储备配额采用不定期有偿竞价方式分配	行业基准法、历史强度法、历史排放法	1.09（2021 年）
北京	免费分配为主，储备配额以拍卖形式向市场发放	行业基准法、历史强度法、历史排放法	0.44（2022 年）
广东	有偿与无偿发放结合，电力的免费比例为 95%，钢铁、石化、水泥、造纸的免费比例为 97%，航空 100%	行业基准法、历史强度法、历史排放法	2.66（2022 年）
天津	配额分配以免费发放为主，拍卖或固定价格出售仅在交易市场价格出现较大波动时稳定市场价格使用	历史排放法、历史强度法	0.75（2022 年）
湖北	免费分配为主，拍卖为辅	行业基准法、历史强度法、历史排放法	1.82（2021 年）
重庆	免费分配为主，拍卖为辅	行业基准法、历史强度法、历史排放法、等量法	1（2016 年）
福建	免费分配，适时引入有偿分配制度，并逐步提高有偿分配的比例	行业基准法、历史强度法	1.31（2021 年）

资料来源：路孚特、碳道网站及地方生态环境厅。

无偿配额的发放主要根据基准值进行发放，计算基准值分为历史强度法、行业基准法和历史排放法。历史强度法主要用于制造业和交通运输业，根据企业过去单位产量或产值的排放强度和区域减排目标设定本年的碳排放目标强度，再与本年产量或产值相乘得到企业本年度的应得配额。行业基准法主要用于发电行业，采用行业标杆排放系数乘以企业实际发电量，在此基础上根据系统总体的减排目标进行调整，从而得到企业本年度的应获配额。历史排放法主要是针对零售、建筑、酒店餐饮等经济指标统计难以有效预测碳排放水平的服务行业，直接根据企业过去两三年的排放水平和控排体系的整体减排目标，确定这些企业应当获得的初始配额，配额基准值计算方法如表 4–5 所示。

表 4–5 碳配额基准值计算方法

方法名称	计算公式	适用行业
历史强度法（自己和自己比较）	碳配额 = 企业历史强度值 × 减排系数 × 本年度产量或产值	大部分制造业、交通运输业
行业基准法（自己和行业比较）	碳配额 = 行业标杆排放系数 × 实际产量	发电行业
历史总量法（过去 N 年排放总量的均值）	碳配额 = 历史排放平均值 × 减排系数	酒店、餐饮、零售、建筑

资料来源：地方碳交易网站、地方生态环境厅。

4. 交易品种和方式

交易品种主要包括地方市场的碳配额和国家核证自愿减排量，部分市场还将区域减排量、远期产品及地方核证自愿减排量纳入交易范围，如广东的普惠自愿减排量（PHCER）和上海的远期产品（SHEAF）、福建、湖北等地方自愿减排产品，深圳、北京、上海开创了金融创新产品，如表 4–6 所示。交易方式主要采取连续竞价、大宗交易和拍卖。（表 4–7）。

表 4–6 地方试点金融创新产品

试点	创新产品名称
深圳	碳债券、碳减排项目投资基金
上海	借碳交易、CCER 质押、配额远期、碳基金、碳信托
湖北	碳配额托管、碳排放权现货远期
北京	碳配额场外期权、结构化产品
广州	碳配额抵押融资、法人账户透支
福建	碳配额融资抵押、碳配额约定回购

资料来源：地方碳交易网站、地方生态环境厅。

表 4-7 地方试点碳市场交易的品种和方式

市场	交易品种	连续竞价			大宗交易				拍卖		
		名称	费用	涨跌幅	门槛	名称	费用	涨跌幅	名称	费用	涨跌幅
深圳	SZEA、CCER	挂牌点选	6‰	10%	1 万吨	大宗交易	3‰	30%	电子竞价	3‰	无
上海	SHEA、CCER、SHEAF	挂牌交易	3‰	10%	10 万吨	协议转让	3‰	30%			
北京	BEA、CCER、PCER	公开竞价	7.5‰	20%	1 万吨	协议转让	5‰	无			
广东	GDEA、CCER、PHCER	挂牌点选	5‰	10%	10 万吨	协议转让	5‰	30%	竞价转让	5‰	无
天津	TJEA、CCER、VER				20 万吨	协议交易	7‰	10%	拍卖交易	7‰	起拍价 10%
湖北	HBEA、CCER、HBEAF	协商议价转让	1%	10%	1 万吨	定价转让	4‰	30%			
重庆	CQEA、CCER	定价交易	7‰	10%	1 万吨	协议转让	7‰	30%			
福建	FJEA、CCER、FFCER	挂牌点选	6‰	10%	无	协议转让	1.5‰	30%	单向竞价、定价转让	1.5‰	无

资料来源：地方碳交易网站、地方生态环境厅、路透。

5. 交易主体及参与方式

交易主体一般分为控排企业、机构投资者、个人投资者。试点碳市场均允许机构投资者参与。除上海外，其他碳市场均允许个人投资者参与。目前，各交易所根据其不同的市场参与者类型制定了不同的申请准入条件。

1）控排企业参与方式

根据各试点地区生态环境厅的要求，被列入重点排放单位名录的单位自动成为自营类会员，参与该试点地区碳交易，可在该碳交易市场上买卖碳排放权。

2）机构参与方式

各试点地区对机构投资者的准入条件要求各异。准入条件通常包括：法人类型、注册资本、相关行业经验、资质或具有从事碳排放管理交易人员等。

以法人类型为例，北京绿色交易所的非履约机构参与人和上海环境能源交易所的自营类会员、综合类会员的要求都必须为在我国境内经工商行政管理部门登记注册的法人；天津排放权交易所规定其会员申请资格包括依法成立的中资控股企业；广东和重庆的交易所则只要求其会员为依法设立的企业法人、其他组织或个人，湖北碳排放权交易中心则明确规定会员可以为国内外机构、企业组织（表 4–8）。

表 4–8　地方试点碳市场机构参与条件

市场	准入条件
深圳	由 2 名以上具备深圳证券交易所签发的交易员资格证书或者具备碳资产管理能力的人员
上海	注册资本不低于 100 万元且符合投资者适当性制度要求，申请综合类会员还需 5 名以上碳排放专业知识人员且净资产不低于 1 亿元
北京	注册资本大于 300 万元，设立满 2 年，从事金融、节能、环保、建筑和投资等经营活动
广东	会员分为综合会员、经纪会员、自营会员、服务会员和战略合作会员。综合会员：金融类投资机构净资产不低于 3000 万元，其他类机构需拥有碳交易业务自营、所需技术系统和三年以上相关业务运作经验；4 名以上具有碳排放权交易业务知识的专业人员或经广碳所从业能力培训的碳排放权交易责任人；其他会员无注册资本或净资产的要求，仅要求具有业务资源和运作经验
天津	机构要求是中资企业，若为综合会员则需要注册资本金大于 5000 万元，至少 3 名具备碳排放权交易经验且通过全国碳市场能力建设（天津）中心考试的专业人员，交易类会员需要大于 100 万元，至少 1 名具备碳排放权交易经验且通过全国碳市场能力建设（天津）中心考试的专业人员
湖北	国内外机构或者企业组织，300 万元注册资本，5 人以上具备 2 年以上碳资产管理经验或金融从业经验
重庆	企业法人注册资本金大于 100 万元，合伙企业及其他组织净资产大于 50 万元；具备从事碳排放管理或交易相关知识的人员，具备一定的投资经验和较高风险识别与承担能力
福建	实行会员制，会员分为交易类会员（综合会员、自营会员和公益会员）和非交易类会员（经纪会员、服务会员、战略合作会员）。具体会员管理办法按照海交中心碳排放权交易业务会员管理办法等相关制度执行。重点排放单位和新纳入项目业主（单位）直接成为自营会员；其他交易参与方参与碳排放权交易，应当取得海交中心碳排放权交易类会员资格或通过具有海交中心开户代理资格的综合会员或经纪会员开立交易账户

资料来源：地方碳交易网站、地方生态环境厅。

3）个人碳交易

对接受自然人参与者的交易所，通常会针对自然人参与者设定年龄、个人资产、投资经验、风险承受能力和风险测评等方面的要求。北京、天津、湖北、重庆、广东、福建对个人金融资产均有要求，广东、湖北要求必须持有证券、期货、碳交易等投资账户满一年。个人参与碳交易与股市的不同之处在于，股票投资者只需要关注上市公司的经营状况和发展空间，但参与碳交易的个人更要关注国家和地方政策变化，市场供需关系等要素，需要更高的风险识别能力，因此部分地方试点对风险承受能力有一定要求。每个碳交易所开户条件及流程均不太相同，个人如果想参与碳交易，可以根据表 4–9 直接去想参与交易的地方碳市场开户，根据官网链接，查找开户指南及条件信息，或者可以直接拨打客服电话咨询。个人参与碳交易大致流程是：向排放权交易所提交申请，经资质审核后进行入市测试、开立交易账户，绑定银行卡、网银签约、缴纳开户费等，个人投资者开户成功后，可通过网上交易客户端和手机 APP 进行交易。

表 4–9　地方试点碳市场个人参与条件

市场	准入条件
深圳	具有完全民事行为能力、有固定居住场所及联系方式、承认交易所的交易规则及各项业务细则、认缴交易所的入会费和会员年费
上海	暂未开放
北京	18~60 周岁，具有完全民事行为能力、个人金融资产不低于 100 万元，具有较强投资经验和风险承受能力的北京户籍人员或北京常住人员、非核查人员及掌握或从事碳交易相关工作
广东	具备完全民事行为能力；持有证券、期货、碳交易等投资账户满一年，且近一年交易额不低于人民币 50 万元；参加过国内碳市场培训课程，且通过广碳所组织的碳市场交易基础知识考核，具备一定碳资产管理和交易能力；有固定的居住场所及联系方式；承认并遵守广碳所交易规则及相关业务指引；根据政府主管部门监管和市场
天津	金融资产不低于 30 万元，且具备一定投资经验
湖北	持有证券、期货、碳交易等投资账户满一年，且近一年交易额不低于人民币 50 万元；参加过国内碳市场培训课程，且通过交易所组织的碳市场交易基础知识考核

续表

市场	准入条件
重庆	具有完全民事行为能力；较高的风险识别能力和风险承受能力；金融资产在 10 万元以上；交易所规定的其他条件
福建	填写并通过个人投资者风险承受能力测试问卷，具有 50 万的金融资产证明

资料来源：地方碳交易网站、地方生态环境厅。

每一个交易所的开户条件不一样，需以官网提供的信息为准。以湖北碳排放权交易中心为例，以下是个人开户流程：主要分为网上开户、下载客户端、登录客户端进行交易三个环节（图 4–3）。

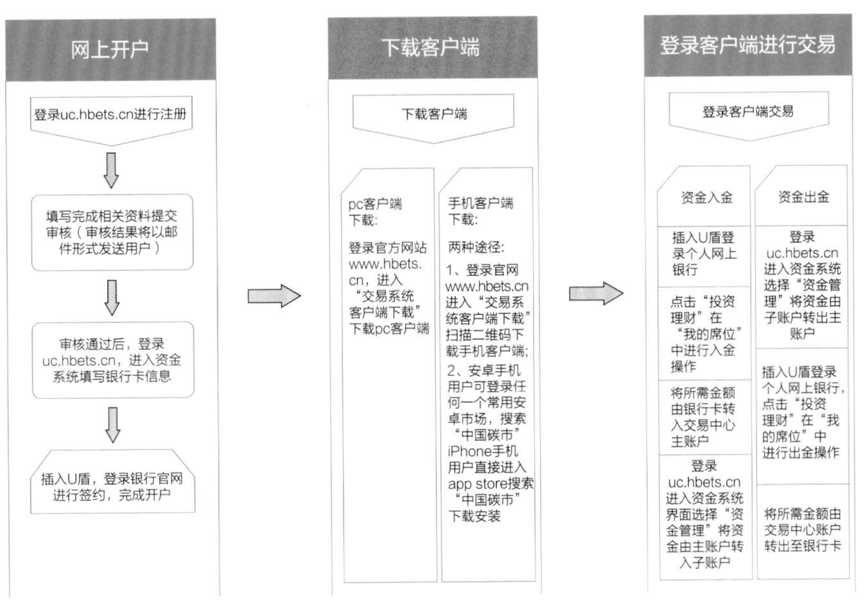

图 4–3　湖北碳交易市场开户流程

资料来源：湖北碳排放权交易中心。

6. MRV

对于碳排放体系中的管控企业，一个完整的履约周期主要由预分配、监测报告、报告核查、配额调整和清缴履约五个步骤组成。其中预分配和配额调整在本节第三点的配额分配机制中作了详细介绍，监测、报告和核查则构成了常说的体系（Monitoring，Reporting，Verification），清缴履约则是一个完整控排周期的最终步骤和目标。

MRV 制度方面，试点市场 MRV 体系具体执行标准和细节有所不同。比如，深圳市场由企业出资自主选择核查机构，北京市场自 15 年起由政府出资分配转变为由企业出资自主选择核查机构，其他市场均采用政府出资并分配的方式（表 4–10）。

表 4–10　地方试点碳市场 MRV

试点	MRV
深圳	企业出资自主选择核查机构
上海	政府出资并分配
北京	14 年政府出资并分配，15 年及之后企业出资自主选择核查机构
广东	政府出资并分配
天津	政府出资并分配
湖北	政府出资并分配
重庆	政府出资并分配
福建	政府出资并分配

资料来源：地方碳交易网站、地方生态环境厅。

（四）试点碳市场运行情况与效果

1. 试点碳市场总体运行情况

截至 2023 年，八个试点碳市场配额挂牌累计成交量 4.76 亿吨，累计成交金额 134 亿元人民币，共覆盖钢铁、电力、水泥等 20 多个行业、3000 多家排放企业。2023 年各试点区域碳价相比 2022 年都有所上升。从地域维度来看，北京碳价处于全国最高位，其次为广东和上海，福建碳价处于最低位（表 4–11）。

1）上海市场

上海碳排放权交易市场试点在 2013 年 11 月正式启动。目前，上海碳交易市场涵盖钢铁、电力、化工、航空、航运、建筑业等 27 个行业，300 多家企业纳入管理，另外还有 400 多个投资机构参与碳交易。上海碳市场采取直接免费发放配额和不定期竞价有偿发放配额的形式，上海二级市场的总交易额排在全国前列。目前上海碳市场有碳配额（SHEA）、CCER 以及碳配额远期等交易品种。上海地方碳市场是全国唯一连续十年实现企业履约清缴率 100% 的试点地区，CCER 成交量始终稳居全国第一。

2023 年，上海碳市场碳排放配额（SHEA）年度挂牌成交量 187 万吨，年度成交额 1.26 亿元。截至 2023 年，SHEA 累计挂牌成交量 0.21 亿吨，累计成交额 7.6 亿元，成交均价最高为 74.71 元 / 吨。2023 年组织了两次配额有偿竞价发放，成交总量 266.88 万吨，其中第一次有偿竞价 100 万吨全部成交，统一成交价为 67.51 元 / 吨，为首次以高于底价成交，超底价 11%。2023 年，上海碳价从年初的 56 元 / 吨开始上涨，非履约期维持在 60 元 / 吨以上，拍卖过后价格迅速上涨至 70 元 / 吨以上，其后价格稳定在 70 元 / 吨左右。

2）北京市场

北京市碳排放权交易试点 2013 年 11 月开市。共纳入了 900 家左右二氧化碳年排放量在 5000 吨（含）以上的重点排放单位，覆盖了发电、供热、石化、水泥、交通、服务等八个行业。当前，北京碳市场已经形成了以北京市碳配额和 CCER 为基础，包括公开交易、协议转让和拍卖等多种方式，涵盖林业碳汇、绿色出行减排量等多种产品的市场交易体系。由于工业企业数量较少，整体市场规模不大，许多建筑和办公楼宇都被纳入，类似于故宫、国家博物馆等建筑物，北京大学、中科院等科研院所，公安局、医院等事业单位，出租车客运行业等均纳入碳市场管控范围，均需按要求开展碳排放报告、核查报告报送和配额清缴等工作。2022 年，北京首次启动碳配额拍卖，共 200 万吨，参与者为重点排放单位，首次拍卖共有 17 家单位竞价成功，成交价为竞价低价 117.54 元 / 吨，成交总量为 96 万吨。

2023 年，北京碳市场碳排放配额（BEA）年度成交量 93.30 万吨，年度成交额 1.09 亿元。截至 2023 年，BEA 累计成交量 1917 万吨，累计成交额 13.42 亿元，成交价最高为 149.64 元 / 吨。北京的试点规模小于广东，但碳价是全国价格最高的市场，采用价格下限（20 元）和上限（150 元）作为价格稳定机制，但 2023 年成交价仍最高上涨至 149.64 元 / 吨，超过 2022 年最高值，2023 年北京碳市场价格总体维持在 100 元 / 吨以上。

3）广东市场

广东碳排放权交易试点于 2012 年在全国率先启动建设，于 2013 年 12 月正式开始运行。广东碳市场经过八年多的不断探索，逐步将占全省碳排放约 65% 的钢铁、石化、电力（现已纳入全国碳市场）、水泥、航空、造纸等六大行业约 250 家企业纳入碳市场范围。此外，广州期货交易所已于 2021 年 4 月正式落地并揭牌，将服务绿色发展作为主要定位，正研究推出绿色低碳发展相关期货交易品种。

2023 年，广东碳市场碳排放配额（GDEA）年度成交量 952.63 万吨，年度成交额 7.14 亿元。截至 2023 年 12 月 31 日，GDEA 累计成交量 2.02 亿吨，累计成交额 54.49 亿元，成交价最高为 95.26 元 / 吨。广东碳市场是试点碳市场中市场化程度最高、交易最活跃的市场，2023 年广东碳市场总体呈宽松状态，履约期结束后，受水泥、钢铁等行业纳入全国碳市场预期影响，广东碳市场全年配额价格呈先升后降趋势。

4）湖北市场

湖北于 2011 年获批成为全国碳排放权交易试点之一，三年后启动碳市场交易，也是国内首个外资主体参与的碳市场。湖北碳市场纳入三百余家控排企业，总排放量 2.75 亿吨，约占全省 45%；总产值 1.1 万亿元，约占全省 30%。湖北碳市场主要覆盖工业领域的温室气体排放，占第二产业产值的 70%，涉及电力、钢铁、水泥和化工等行业。

2023 年，湖北碳市场碳排放配额（HBEA）年度成交量 512.14 万吨，年度成交额 2.18 亿元。截至 2023 年，HBEA 累计成交量 8856 万吨，累计成交额 54.49 亿元，成交价最高为 61.48 元/吨。2023 年由于湖北配额发放较晚，履约截止日期为 12 月 20 日，因此成交量集中于 12 月份。期间组织了两次拍卖，拍卖总量达到 160 万吨，全年 HBEA 价格维持在 40 元/吨以上，年底履约期过后，价格跌至 40 元以下。

5）天津市场

天津碳市场于 2013 年 12 月正式启动，开市以来，天津碳市场两次扩展碳排放权交易试点纳入企业范围，由最初 5 个行业扩展为目前的 15 个行业，共一百余家企业。覆盖包括电力热力、钢铁、化工、石化、油气开采、建材、造纸和航空等多个行业，重点单位行业门槛为年排放量达 2 万吨二氧化碳的工业企业，碳市场履约率连续多年达到 100%。天津碳市场自 2019 年开始，也逐渐引入拍卖机制，首次拍卖 200 万吨，只允许缺口控排企业参加；到 2020 年，控排企业和投资机构均可参与。

2023年，天津碳市场碳排放配额年度成交量575.20万吨，年度成交额1.85亿元。截至2023年，天津碳市场碳排放配额（TJEA）累计成交量2987万吨，累计成交额7.82亿元，成交价最高为50.11元/吨。2023年，天津碳价总体小幅上升，价格在年中小幅上涨，交易量大多集中在履约月份，天津碳价在各试点中处于中低位。

6）重庆市场

重庆作为西部地区唯一的碳市场试点省市，于2014年6月正式启动碳市场运行。准入门槛为年度年温室气体排放量达到1.3万吨二氧化碳当量及以上的工业企业，共纳入重点排放单位308家。重庆碳市场主要包含水泥、钢铁、玻璃及玻璃制品、造纸、化工、生活垃圾焚烧等能耗量较大的行业，也包括电子及机械设备制造、食品、烟草及酒、饮料和精制茶生产，其他有色金属冶炼和压延加工、石油和天然气生产，陶瓷生产等行业，实行免费分配（95%）和有偿分配（5%）。重庆试点还覆盖非二氧化碳的温室气体，包括甲烷（CH_4）、氧化亚氮（N_2O）、氢氟碳化物（HFCs）、全氟碳化物（PFCs）和六氟化硫（SF_6），并根据核算规则折算为二氧化碳当量进行交易。

2023年，重庆碳市场碳排放配额（CQEA）年度成交量19.20万吨，年度成交额717万元。截至2023年，CQEA累计成交量1076万吨，累计成交额1.06亿元，成交价最高为49元/吨。2023年重庆碳价出现一定幅度的上涨，主要集中在年末履约期，最高超过46元/吨，重庆碳市场活跃度较低，许多月份未发生交易。

7）深圳市场

2013年6月18日，深圳在国内率先启动碳交易。2022年，深圳碳市场共纳入管控单位 684 家，覆盖计算机、通信及电子设备、机械制造业、橡胶和塑料制品业、水务、燃气、公交等 33 个行业，年发放配额规模约 2500 万吨。作为全国 7 个首批碳交易试点中唯一的计划单列市，深圳碳市场管控区域最小，但管控单位总数位居全国第二，具有行业类别多、管控企业数量大等特点。

2023 年，深圳碳市场碳排放配额（SZEA）年度成交量 365.09 万吨，年度成交额 2.14 亿元。截至 2023 年，SZEA 累计成交量 5927.49 万吨，累计成交额 16.38 亿元，成交价最高为 67.99 元 / 吨。2023 年，深圳碳价呈上升趋势，年内最高价一度上涨至 67.06 元 / 吨，较最低价上涨 28%。

8）福建市场

福建碳市场于 2016 年启动，是国内碳市场试点地区中起步最晚的，福建碳市场覆盖行业范围包括石化、化工、建材、钢铁、有色、造纸、电力、航空、陶瓷九大行业外，其中陶瓷作为福建的特色产业，在全国各试点碳市场中为首次纳入。

2023 年，福建碳市场碳排放配额年度成交量 2591.49 万吨，年度成交额 6.01 亿元。截至 2023 年，福建碳市场碳排放配额（FJEA）累计成交量 4585.49 万吨，累计成交额 10.19 亿元，成交价最高为 38.12 元 / 吨。2023 年，福建碳价呈现先升后降趋势，表现出一定的履约驱动特征，与重庆碳市场一样是试点碳市场中价格最低的两个市场。

表 4-11　地方碳市场 2023 年度及累计碳交易情况

试点	2023 年成交量 / 万吨	2023 年成交金额 / 亿元	累计成交量 / 万吨	累计成交额 / 亿元	成交价最高 /（元 / 吨）
北京	93.30	1.09	1917	13.42	149.64
上海	187.10	1.26	2130	7.63	74.71
广东	952.63	7.14	20207	54.49	95.26

续表

试点	2023 年成交量 / 万吨	2023 年成交金额 / 亿元	累计成交量 / 万吨	累计成交额 / 亿元	成交价最高 /（元 / 吨）
湖北	512.14	2.18	8856	23.05	61.48
天津	575.20	1.85	2987	7.82	50.11
重庆	19.20	0.0717	1076	1.06	49.00
深圳	365.09	2.14	5927.49	16.38	67.99
福建	2591.49	6.01	4585.49	10.19	38.12

资料来源：根据 Wind、路孚特数据整理。

2. 碳交易试点履约情况

履约机制是碳排放总量控制的关键环节，是控排单位承担减排责任的重要体现，是评价碳市场制度设计与实施运行情况的一面镜子。履约包括两个层面的内容，一是控排企业需按时提交合规的监测计划和排放报告，二是控排企业必须在规定期限内，按实际年度排放量完成配额清缴。履约工作涉及碳排放报告报送、第三方核查和上缴配额等环节。

表 4–12 比较了 2013–2022 年度试点碳市场的履约情况，除暂未公布年度履约情况的试点市场外，各试点履约完成情况总体较好。其中，上海履约完成率连续十年达到 100%，天津履约完成率连续八年达到 100%，广东共计七个年度的履约完成率达 100%。

表 4–12　地方碳市场履约情况表

地区	2013	2014	2015	2016	2017	2018	2019	2020	2021	2022
深圳	99.40%	99.70%	99.80%	99.00%	97.40%	99.00%	99.60%	99.60%	100%	未公布
上海	100%	100%	100%	100%	100%	100%	100%	100%	100%	100%
北京	97.10%	100%	99.00%	100%	100%	未公布	未公布	未公布	未公布	未公布
广东	98.90%	100%	100%	100%	100%	99.20%	100%	100%	99%	100%
天津	95.60%	99.10%	100%	100%	100%	100%	100%	100%	100%	100%
湖北	—	100%	100%	100%	100%	100%	100%	100%	100%	未公布
重庆	—	约 70%	约 70%	未公布	未公布	未公布	未公布	未公布	未公布	未公布
福建	—	—	—	98.60%	100%	100%	100%	100%	100%	未公布

资料来源：中国碳排放交易网、试点地区的生态环境主管部门和地方政府。

可以看到，无论是以地方人大立法还是以政府规章为基础的碳交易制度保障，都对控排企业形成了一定的政策约束力，2013 年以来，中国的碳交易市场呈现履约率不断提高。履约期间，各试点碳市场成交量激增、交易价格出现不同程度的上涨，并伴随较大的波动。总体而言，我国碳市场运行仍以履约为主要驱动力，市场化运行尚处于发展阶段。

（五）碳交易试点市场的成效

能否实现节能减排目标，是评价碳交易市场运行效果的重要衡量尺度。当前，我国是全球范围内碳排放量最大的国家之一，其经济增长对能源的总需求以及主要依赖煤炭的能源消费模式，造成了巨大的减排挑战。实施碳排放交易，就是利用市场机制来配合控制碳排放。纳入碳交易的行业、企业大多是碳排放的主要来源，限定了这些企业的碳排放量，必然有利于实现预定的减排目标。

据生态环境部《中国应对气候变化的政策与行动 2023 年度报告》，2022 年，中国单位国内生产总值（GDP）二氧化碳排放比 2005 年下降超过 51%；十年来，中国能耗强度累计下降 26.4%，相当于少排放二氧化碳近 30 亿吨。目前，我国风、光、水、生物质发电装机容量都稳居世界第一，截至 2022 年，森林覆盖率达到 24.02%，草原综合植被覆盖度达 50.32%，成为全球“增绿”的主力军。

以北京为例，2012 年，《北京市 2012–2020 年大气污染治理措施》发布，打响新一轮蓝天保卫战的同时，也开启了产业结构深度调整的转型之路。在产业转型调整中，北京坚持低碳发展。2020 年，北京市万元地区 GDP 能耗为 0.209 吨标准煤，同比下降 9.2%，在 31 个省区市中居首位；2022 年，北京市万元地区生产总值二氧化碳排放量同比下降 3% 以上，保持全国省级最优水平。此外，压减燃煤、淘汰老旧机动车、全面清理整治散乱污企业一系列大气污染防治措施在绿色发展进程中落地见效，也侧面印证了碳减排的成效。

经过试点省市多年摸索，我国碳市场建设取得了阶段性成果，推动了试点省市温室气体减排，验证了以市场机制控制碳排放的实践可行性以及不同配额分配方法的合理性，对碳市场相关惩罚机制进行了探索。与此同时，国家不断强化碳市场运行机制，伴随着试点市场的发展，有效提升了企业“排碳有成本、减碳有收益”的低碳发展及碳排放管理意识，培养锻炼了大批碳交易相关专业人才，为全国碳市场的建设摸索了经验，奠定了基础，最终我国“以点带面”，正式开启全国碳排放权交易。

三、全国碳市场

（一）政策准备历程

建设碳市场概念由国务院于 2010 年首次提出，其后 2011 年国家“十二五”规划纲要和 2013 年十八届三中全会也提出推行碳排放权交易制度并建设全国碳市场的要求。随后，国家发展改革委发布了全国碳市场建设阶段性、纲领性、原则性法律文件:《碳排放权交易管理暂行办法》(目前已废止)，及 24 个行业温室气体核算和报告指南。2015–2017 年，国家多次在规划、方案中密集提及建设全国统一的碳交易市场，开展配额分配试算、注册登记系统和交易系统建设等内容。

2017 年 12 月，国家发改委发布的《全国碳排放权交易市场建设方案 (发电行业)》，标志着中国碳排放权交易体系的建设正式启动。2018 年，碳交易主管部门由国家发展改革委气候司转隶至生态环境部应对气候变化司。2020 年底，生态环境部发布现行全国碳市场工作依据和纲领性文件《碳排放权交易管理办法（试行）》。2021 年，生态环境部相继发布全国碳市场第一个履约期发电行业配额设定与分配方案、重点排放单位名单，随后发布关于碳排放权登记、交易以及结算的三份文件，意味着全国碳市场进入实际启动阶段。2021 年 7 月 16 日，全国碳市场正式上线启动（图 4-4）。

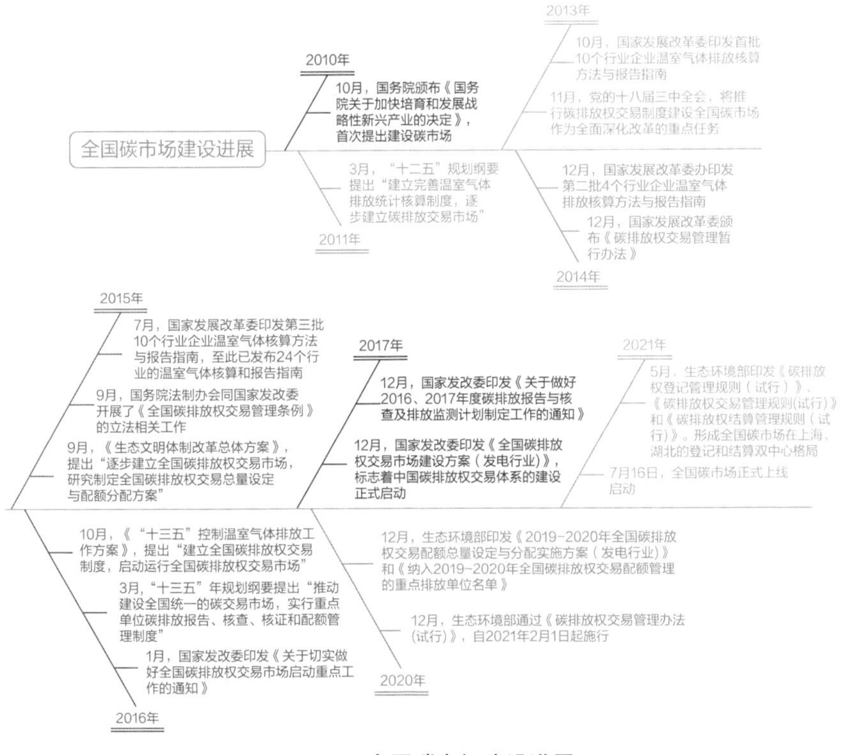

图 4-4　全国碳市场建设进展

（二）全国碳市场第一个履约期

1. 纳入行业及门槛

截至目前，全国碳市场仅将发电行业纳入了履约和交易范围，其他机构和个人暂时不能参与交易。

根据《2019-2020 年全国碳排放权交易配额总量设定与分配实施方案（发电行业）》，根据发电行业（含其他行业自备电厂）2013-

2019 年任一年排放达到 2.6 万吨二氧化碳当量（综合能源消费量约 1 万吨标准煤）及以上的企业或者其他经济组织的碳排放核查结果，筛选确定纳入 2019–2020 年全国碳市场配额管理的重点排放单位名单，并实行名录管理。

纳入全国碳市场的发电机组包括纯凝发电机组和热电联产机组，自备电厂参照执行，不具备发电能力的纯供热设施不纳入。纳入 2019–2020 年配额管理的发电机组包括常规燃煤机组、非常规燃煤机组和燃气机组。对于常规燃煤机组，以 300MW 的容量为界，设置了两条基准线；对于非常规燃煤机组和燃气机组，则各划分了一条基准线。全国碳市场根据不同的碳排放基准线，按机组类别进行配额分配（表 4–13、表 4–14）。

表 4–13　纳入碳配额管理的机组判定标准

机组分类	判定标准
300MW 等级以上常规燃煤机组	以烟煤、褐煤、无烟煤等常规电煤为主体燃料且额定功率不低于 400MW 的发电机组
300MW 等级及以下常规燃煤机组	以烟煤、褐煤、无烟煤等常规电煤为主体燃料且额定功率低于 400MW 的发电机组
燃煤矸石、煤泥、水煤浆等非常规燃煤机组（含燃煤循环流化床机组）	以煤矸石、煤泥、水煤浆等非常规电煤为主体燃料（完整履约年度内，非常规燃料热量年均占比应超过 50%）的发电机组（含燃煤循环流化床机组）
燃气机组	以天然气为主体燃料（完整履约年度内，其他掺烧燃料热量年均占比不超过 10%）的发电机组

表 4–14　2019–2020 年各类别机组碳排放基准值

机组类别	机组类别范围	供电基准值 / [tCO_2/（MW · h）]	供热基准值 /（tCO_2/GJ）
Ⅰ	300MW 等级以上常规燃煤机组	0.877	0.126
Ⅱ	300MW 等级及以下常规燃煤机组	0.979	0.126
Ⅲ	燃煤矸石、煤泥、水煤浆等非常规燃煤机组（含燃煤循环流化床机组）	1.146	0.126
Ⅳ	燃气机组	0.392	0.059

2. 交易规则

目前全国碳排放权交易市场的交易产品为碳排放配额（CEA），生态环境部可以根据国家有关规定适时增加其他交易产品。碳排放配额交易以“每吨二氧化碳当量价格”为计价单位，买卖申报量的最小变动计量为 1 吨二氧化碳当量，申报价格的最小变动计量为 0.01 元人民币。

碳排放配额交易应当通过交易系统（图 4–5）进行，可以采取协议转让、单向竞价或者其他符合规定的方式，协议转让交易包括挂牌协议交易和大宗协议交易。

除法定节假日及交易机构公告的休市日外，采取挂牌协议方式的交易时段为每周一至周五上午 9:30 至 11:30、下午 13:00 至 15:00，采取大宗协议方式的交易时段为每周一至周五下午 13:00 至 15:00。采取单向竞价方式的交易时段由交易机构另行公告。

目前全国碳市场的主要交易方式有挂牌协议交易和大宗协议交易两种，其中挂牌协议交易单笔最大挂单量为 99999 吨。当单笔交易量大于或等于 10 万吨时，需要采用大宗协议交易方式。每日收盘价仅计算挂牌交易成交的加权平均值，大宗协议的成交结果不参与收盘价计算。此外两种交易方式还有涨跌幅等相关限制，具体如表 4–15 所示。

表 4–15　全国碳市场主要交易方式对比

	挂牌协议交易	大宗协议交易	单向竞价
定义	交易主体通过交易系统提交卖出或买入挂牌申报，意向方对挂牌申报进行协商并确认成交的交易方式	交易双方通过交易系统进行报价、询价达成一致意见并确认成交的交易方式	交易主体向交易机构提出卖出或买入申请，交易机构发布竞价公告，符合条件的竞价参与方通过交易系统报价并确认成交
数量要求	单笔买卖最大申报数量应小于 10 万吨	单笔买卖最大申报数量不应小于 10 万吨	
成交方式	以价格有限原则，系统实时显示最优 5 个报价，仅能与最优价格成交	交易双方需要事前知道对方的客户号。交易主体可发起买卖申报，或与已发起申报的交易对手方进行对话议价并成交	通过竞价方式确定

续表

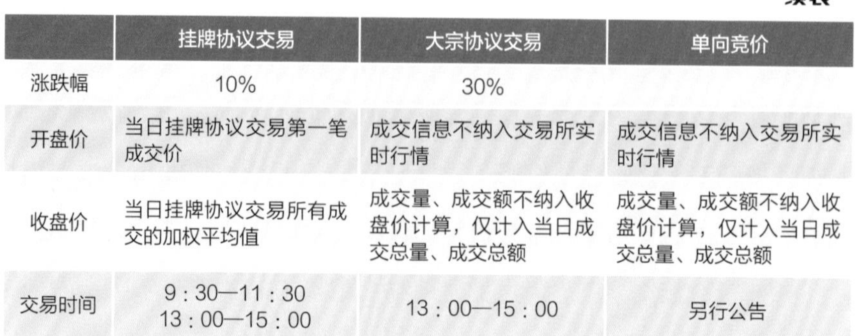

	挂牌协议交易	大宗协议交易	单向竞价
涨跌幅	10%	30%	
开盘价	当日挂牌协议交易第一笔成交价	成交信息不纳入交易所实时行情	成交信息不纳入交易所实时行情
收盘价	当日挂牌协议交易所有成交的加权平均值	成交量、成交额不纳入收盘价计算，仅计入当日成交总量、成交总额	成交量、成交额不纳入收盘价计算，仅计入当日成交总量、成交总额
交易时间	9：30—11：30 13：00—15：00	13：00—15：00	另行公告

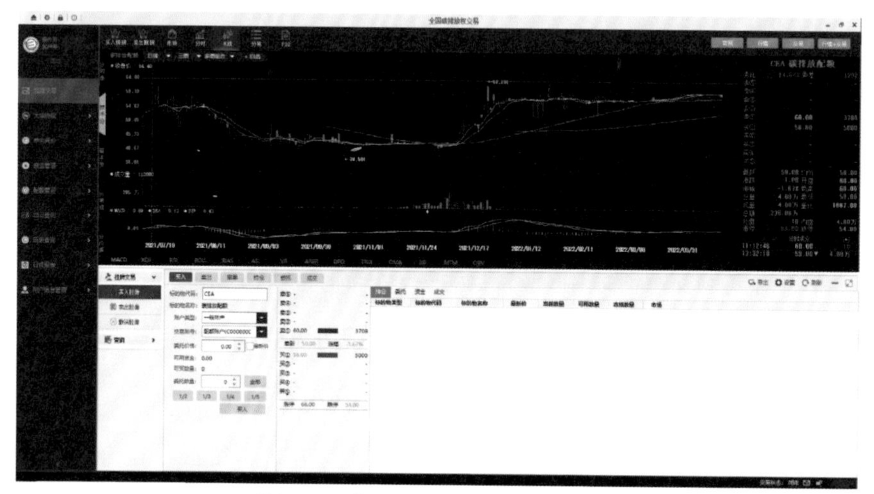

图4-5　全国碳排放权交易系统界面

3. 交易概况

全国碳市场第一个履约期共有 2162 家重点排放单位，其中 151 家单位由于企业关停、符合暂不纳入配额管理条件等原因，未发放全国碳市场碳排放配额（CEA），第一个履约期实际发放 CEA 单位为 2011 家，其中共有 847 家重点排放单位存在配额缺口，缺口总量 1.88 亿吨，使用 CCER 3273 万吨用于配额清缴。

从交易价格和交易量上来看，第一个履约期 CEA 总成交量 1.79 亿吨，总成交额 76.61 亿元，成交均价 42.85 元 / 吨。其中，挂牌协议年成交量 3077.46 万吨，总成交额 14.51 亿元，挂牌协议成交均价 47.16 元 / 吨，价格在 38.50~62.29 元 / 吨，2021 年最后一个交易日收盘价为

54.22 元 / 吨，较首日收盘价上涨 5.84%，较首日开盘价 48.00 元 / 吨上涨 12.96%。大宗协议年成交量 1.48 亿吨，年成交额 62.1 亿元，大宗协议成交均价 41.95 元 / 吨。市场总体平稳有序，碳价并未大幅波动，企业的交易主要以履约为主，成交量存在明显履约驱动，换手率仅为 2%，低于地方试点碳市场的 5%，更远低于欧盟碳市场的 500%（图 4-6）。

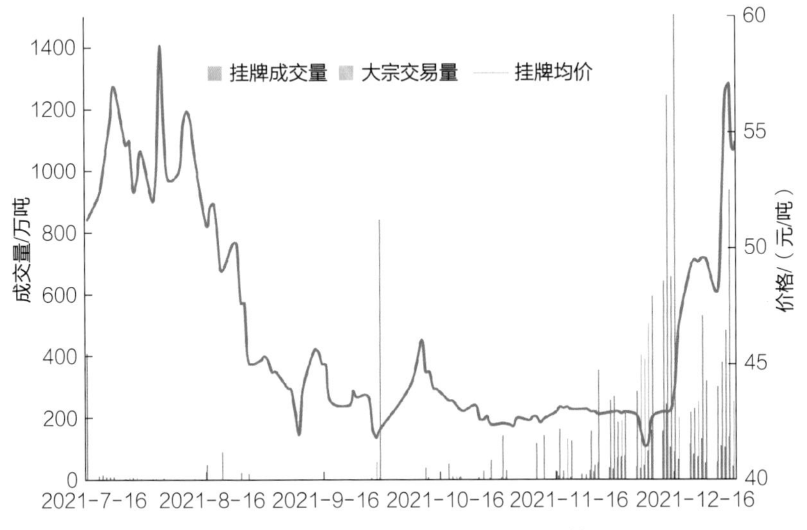

图 4-6　全国碳市场第一个履约期成交情况图

全国碳市场第一个履约期价格整体呈现微笑曲线，在上线初期全国碳配额价格最高冲至 58.7 元 / 吨，随后量价齐跌，价格下滑至 41 元 / 吨附近，临近年底履约截止日期时价格再次快速走高至 58 元 / 吨附近。全国碳市场第一个履约期第一次在全国范围内通过市场手段将减排责任落实到企业，实现了较好的碳减排效果。据统计，2020 年电力行业单位发电量碳排放强度较 2018 年下降 1.07%。

（三）全国碳市场第二个履约期

全国碳市场第二个履约周期仍为 2 年（2021–2022 年），履约节点为 2023 年 12 月 31 日。纳入行业仍然为发电行业，交易单位依旧是重点排放单位，共有 2257 家，需在 2023 年 12 月 31 日前完成履约，机构投资者和个人尚不能参与交易。

1. 交易情况

2022 年为全国碳市场建立后的第一个完整的自然年，也是第二个履约期交易的第一年，由于距 2023 年 12 月 31 日履约截止日期较远，相关政策不明朗，免费配额尚未下发，2022 年全国碳交易共运行 238 个交易日，总体偏冷清。全年累计成交量 5088.95 万吨，累计成交额 28.14 亿元，同比分别回落 1.28 亿吨及 48.2 亿元，全年呈现“非履约期交易清淡，年底显著回升”的特点。

2022 年 12 月 22 日，在全国碳市场运行的第 350 个交易日，全国碳市场累计成交额突破 100 亿元大关；2023 年 7 月 16 日，全国碳市场运行满两周年，CEA 累计成交量 2.4 亿吨，累计成交额 110.3 亿元；2023 年 12 月 29 日，全国碳市场第二个履约期最后一个交易日结束，整个第二履约期 CEA 累计交易 2.55 亿吨，成交金额 167.6 亿元，成交多以大宗交易为主，其中大宗交易量 2.14 亿吨，挂牌成交量仅为 0.41 亿吨，占比 16.1%（图 4–7）。

全国碳市场第二个履约周期包括 2022 年和 2023 年两个完整年，交易总体呈 2022 年全年平淡，2023 年持续活跃态势。成交量方面，2023 年较 2022 年增长了 3 倍，且主要集中在 2023 年下半年。价格方面，2022 年全年 CEA 价格基本稳定在 50~60 元 / 吨；进入 2023 年，特别是 2023 年下半年，CEA 连续 4 个月创下新高（7–10 月），收盘价从 7 月初 60 元 / 吨左右一路上涨至 2023 年 10 月 20 日的 81.67 元 / 吨，创下第二个履约期最高价。进入 2024 年，自 2 月初国务院公布《碳排放权交易管理暂行条例》以来，CEA 价格进一步上涨，最高超过 100 元 / 吨。

2. 政策变化

2023 年 3 月 15 日，生态环境部印发《2021、2022 年全国碳排放权交易配额总量设定与分配实施方案（发电行业）》（以下简称《方

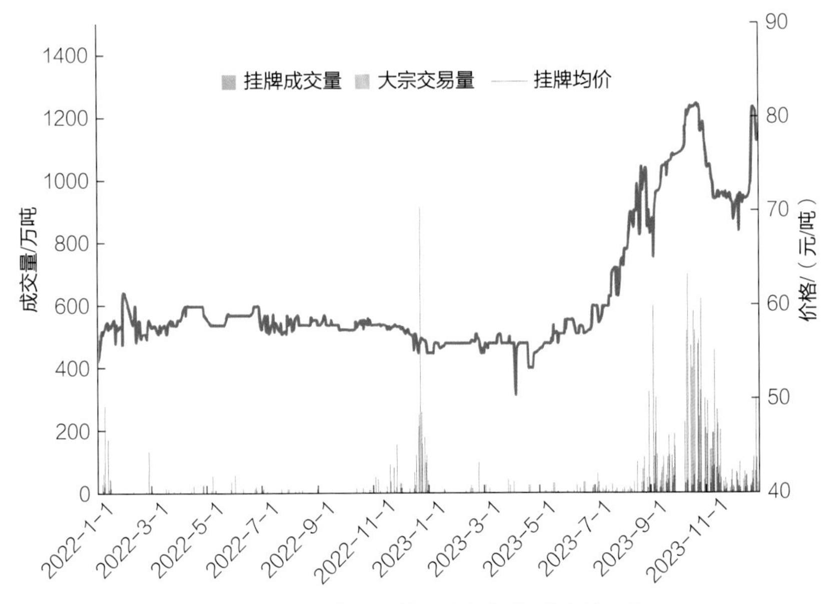

图 4-7　全国碳市场第二个履约期成交情况图

案》),《方案》为全国碳市场第二个履约期运行的基础性方案。

《方案》延续了第一个履约期总体的框架、配额分配思路、覆盖范围和相关工作流程，在一些细节上作出了调整。

（1）配额发放基准下调

根据咨询机构路孚特（Refinitiv）测算,《方案》相较于全国碳市场第一个履约期，2021 年和 2022 年配额基准值分别收紧 6.3% 和 6.8%，同时相较于之前《方案》的征求意见稿，300MW 等级以上常规燃煤机组有更高的基准值。

（2）提出灵活机制保证履约

除原有的 20% 缺口上限和燃气机组豁免外，对经营困难且配额缺口率在 10% 以上的重点排放单位，可从 2023 年度分配配额中“借”不超过缺口量 50% 用于第二个履约期履约；对承担重大民生保障任务的企业，在执行豁免和灵活机制仍无法完成履约的，统筹研究个性化纾困方案。

（3）配额结转另行公布

根据路孚特测算，全国碳市场 2019–2020 年度余下和未交易的配额约为 3.52 亿吨。根据 2023 年 7 月 17 日生态环境部发布的《关于全国碳排放权交易市场 2021、2022 年度碳排放配额清缴相关工作的通知》，明确第一个履约期结转的配额可用于第二个履约期的清缴履约，也可用于交易（表 4–16）。

表 4–16　2021—2022 年各类别机组碳排放基准值

<table>
<tr><th rowspan="2">序号</th><th rowspan="2">机组类别</th><th colspan="3">供电 /（$tCO_2/MW\cdot h$）</th><th colspan="3">供热 /（tCO_2/GJ）</th></tr>
<tr><th>2021 年平衡值</th><th>2021 年基准值</th><th>2022 年基准值</th><th>2021 年平衡值</th><th>2021 年基准值</th><th>2022 年基准值</th></tr>
<tr><td>Ⅰ</td><td>300MW 等级以上常规燃煤机组</td><td>0.8210</td><td>0.8218</td><td>0.8177</td><td rowspan="3">0.1110</td><td rowspan="3">0.1111</td><td rowspan="3">0.1105</td></tr>
<tr><td>Ⅱ</td><td>300MW 等级及以下常规燃煤机组</td><td>0.8920</td><td>0.8773</td><td>0.8729</td></tr>
<tr><td>Ⅲ</td><td>燃煤矸石、煤泥、水煤浆等非常规燃煤机组（含燃煤循环流化床机组）</td><td>0.9627</td><td>0.9350</td><td>0.9303</td></tr>
<tr><td>Ⅳ</td><td>燃气机组</td><td>0.3930</td><td>0.3920</td><td>0.3901</td><td>0.0560</td><td>0.0560</td><td>0.0557</td></tr>
</table>

（四）问题与建议

一是全国碳市场制度体系建设亟须建立。全国碳市场启动以来，整体运行较为平稳，碳价稳中有升，碳排放有所下降，发挥了积极作用。但与国外成熟碳市场相比，在制度体系、市场流动性、话语权等方面仍存在提升空间。2024 年 1 月 25 日，经国务院常务会议通过，《碳排放权交易管理暂行条例》正式公布，并于 2024 年 5 月 1 日起施行，标志着我国碳市场建设取得新的进展，碳市场有了层级更高、更为明晰、具体的法律依据。但由于现在全国碳市场只覆盖电力行业，相关配套法律尚未完善，仍存在 CEA 法律属性定义不明确、交易会计和税务问题不清晰等问题。下一步仍需制定和完善相关配套制度和细则，建立配额分配、交易、监管、风控等制度机制，推动各部门间建立协调机制，引导企业开展碳交易工作。

二是全国碳市场流动性和交易活跃度有待提升。相较于国际碳市场，我国碳市场起步晚、价格低、覆盖范围小、参与主体单一。全国碳市场现已平稳有序运行，但是碳市场整体活跃度有限、流动性不足，尚未形成真正的市场化交易机制和交易价格。究其原因，一方面是当前成交主体仅限于控排企业，第三方机构和个人等并未纳入，尚不能在全国碳市场进行交易，而这类机构，恰恰是市场流动性的主要提供者；另一方面是大型发电企业集团所获配额总体供大于求，存在惜售现象。在“双碳”目标的指引下，建议全国碳市场尽快放开机构用户，逐步纳入其他行业，并探索推出碳期货、碳期权等金融工具的可行性。此外，逐步扩大全国碳市场覆盖范围，适时将钢铁、水泥、石化、建材、有色、航空等行业纳入碳市场，吸引更多参与主体，提高碳市场活跃度，提升全社会碳达峰、碳中和工作参与度。

三是全国碳市场全球认可度和话语权需提升。2023 年 1 月，全球已经有 28 个碳交易排放体系正在运行，另外还有 8 个碳市场正在建设，欧美碳市场发展较为领先。在碳交易基础上，欧洲碳边境调节机制（CBAM）已正式立法生效，从 2026 年起，进口商需根据与欧盟碳市场的价差以购买 CBAM 证书的方式缴纳碳税；美国公布《清洁竞争法案》（CCA）草案，从 2024 年开始对碳排放水平高于基准线值部分征收碳税。如果发达国家纷纷实施碳关税，将会对包括中国在内的发展中国家出口造成重大冲击。《联合国气候变化框架公约》明确提出，发展中国家实施“共同但有区别的原则、自愿参与应对气候变化的行动”，发达经济体碳关税则带有一定的贸易保护主义色彩。基于此，我国需联合主要发展中国家形成合力，在国际社会上发声，深度参与国际碳减排秩序的制定，提升国际社会话语权。

四、国家核证自愿减排量（CCER）

（一）国家核证自愿减排量（CCER）的发展历程

根据《碳排放权交易管理办法（试行）》（生态环境部部令第 19 号），国家核证自愿减排量（Chinese Certified Emission Reduction，CCER），是指对我国境内可再生能源、林业碳汇、甲烷利用等项目的温室气体减排效果进行量化核证，并在国家温室气体自愿减排交易注册登记系统中登记的温室气体减排量。

2012 年，正值欧洲经济低迷以及京都协议书第一阶段结束，当时核证减排量（Certified Emission Reduction，CER）在供大于求的背景下价格不断下跌，我国参与国际 CDM 机制受限，此后我国开始筹建国内自愿减排碳交易市场。

从 2011 年起，北京、上海、深圳等 7 地陆续启动地方碳排放权交易试点。各区域性碳交易所开启试点后，对标曾经的 CER，中国 CCER 市场也应运而生，交易主要以国内企业之间为主。

自 2013 年起，区域性试点的 CCER 交易逐渐取代 CER 交易，在开展碳交易试点的北京、上海、广州、天津、深圳、湖北、四川、福建等碳排放权交易所均可进行交易。但与配额交易不同的是，CCER 交易既能参与当地碳市场的企业之间交易，也能在全国范围内不同试点市场之间流通。

2017 年 3 月，由于市场交易量小、部分项目不够规范等原因，国家发改委暂停了对 CCER 项目的审批备案。截至 2017 年 3 月，共有 254 个项目完成签发，合计减排量 5071.7 万吨，此外还有 33 个项目的 764.14 万吨减排量获得了签发批准，但尚未在 CCER 注册系统完成登记。随后，为更好地应对气候变化，推动温室气体减排和促进绿色低碳发展，国家作出机构调整，生态环境部取代国家发改委接管碳市场职能。

2021 年 10 月，根据国家生态环境部《关于做好全国碳排放权交易市场第一个履约周期碳排放配额清缴工作的通知》，重点排放单位每年可使用 CCER 抵消碳排放配额的清缴，抵消比例不超过应清缴碳排放配额的 5%。通知公布后，CCER 价格从 2021 年初的 20 元 / 吨左右，上涨至第一个履约期末的 40 元 / 吨左右。CCER 机制重启前，CCER 为相对稀缺资源，其 2023 年的价格已经上涨到 65~90 元 / 吨。据统计，第一个履约周期从 2021 年 1 月 1 日至当年 12 月 31 日，CCER 用于配额清缴累计使用约 3300 万吨。

2023 年 2 月，北京绿色交易所（以下简称“绿交所”）宣布，CCER 全国统一的注册登记系统和交易系统已经开发完成，将为建设自愿减排市场提供重要的基础设施保障。

2023 年 3 月，生态环境部发布《关于公开征集温室气体自愿减排项目方法学建议的函》，向全社会公开征集 CCER 方法学。

2023 年 7 月，生态环境部公开征求《温室气体自愿减排交易管理办法（试行）》意见，标志着 CCER 重启即将到来，并有望于 2023 年年内重启。

2023 年 10 月，生态环境部联合市场监管总局发布《温室气体自愿减排交易管理办法（试行）》，为全国 CCER 重启提供制度和法律依据；随后又发布造林碳汇、并网光热发电、并网海上风力发电和红树林营造 4 个方法学，并明确按照“成熟一个、发布一个”原则，逐步增加方法学范围，为 CCER 开发提供开发指南和方法路径。

2023年11–12月，国家气候战略中心、北京绿交所、市场监管总局先后发布多项与温室气体自愿减排相关的规则和指南，包括《温室气体自愿减排注册登记规则（试行）》《温室气体自愿减排项目设计与实施指南》《温室气体自愿减排交易和结算规则（试行）》和《温室气体自愿减排项目审定与减排量核查实施规则》，旨在规范温室气体自愿减排的注册登记、项目设计实施、交易结算以及审定核查等内容，这些措施共同构成了中国温室气体自愿减排工作的制度框架，为实现国家碳减排目标提供了政策支持和操作指南。

2024年1月，全国温室气体自愿减排交易（全国CCER交易）正式启动，与2021年7月启动的全国碳排放权交易市场共同构成完整的全国碳市场体系。

（二）CCER的项目类型

根据中国核证减排交易信息平台上的公示信息，目前我国审定公示的CCER项目总计2871个，其中已备案的项目861个，已完成签发的项目254个，合计签发减排量5071.75万吨。CCER开发中最主要的项目类型为可再生能源利用，占到公示项目的76%，其又可进一步细分为风力发电、太阳能发电、垃圾焚烧发电、水力发电、生物质发电和地热供暖（图4-8）。

截至2017年底，水力发电和风力发电项目分别获得1719万吨和1455万吨的减排量签发，分别占总签发量的34%和29%。此外，碳汇造林、低浓度瓦斯发电、工业余热利用、森林经营碳汇、热电联产等类型也均有10个以上的审定项目。备案项目的类型分布与审定项目基本一致，风力发电、太阳能发电、猪粪便沼气利用位列前三。林业碳汇项目受到气候、降水等不可控因素影响，项目实施过程可能与初始设计存在偏差，且项目前期产生的碳汇吸收量较少，因此，截至2017年CCER备案暂停时其整体签发率较低。

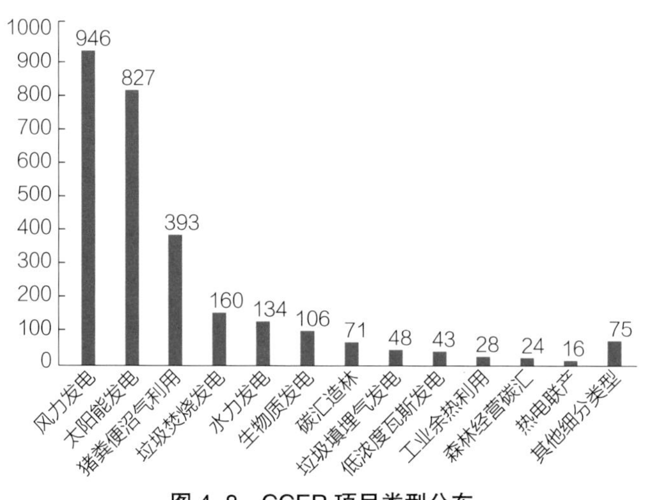

图 4-8 CCER 项目类型分布

（三）CCER 的经济价值

1. CCER 用于全国碳市场重点排放单位履约

根据生态环境部 2021 年 1 月 5 日发布的《碳排放权交易管理办法》第二十九条，重点排放单位每年可以使用国家核证自愿减排量抵消碳排放配额的清缴。按照相关通知，CCER 用于全国碳配额清缴抵消，比例不超过应清缴碳排放配额的 5%，对 CCER 类别没有规定，即所有已经签发的 CCER 减排量均可用于全国碳配额的抵消。按照现在全国碳市场规模，覆盖排放量约为 40 亿吨，按照 CCER 可抵消配额比例 5% 测算，CCER 的年需求约为 2 亿吨。

2. CCER 用于试点碳市场重点排放单位履约

在全国碳市场建立的情况下，国家主管部门表示现有试点碳市场可继续深化，同时做好向全国碳市场过渡的相关工作。由于各试点市场仍在继续运行，所以 CCER 还可继续用于八个试点碳市场的抵消，抵消比例从 5%~20% 不等，其中深圳碳市场最多，达到 20%，北京、上海等碳市场比例较低。据统计，2023 年 CCER 成交主要集中在上海、天津、四川和北京四个交易所，分别为 786.1 万吨、280.6 万吨、214.3 万吨和 124 万吨，其中上海环交所 CCER 交易量最大，占到 CCER 总成交量的 51.4%。抵消机制如表 4–17 所示。

表 4–17　全国碳市场主要交易方式对比

试点地区	抵消办法 （类型、类别、减排量产出时间）	CCER 抵消比例及项目地域
北京	2013 年 1 月 1 日后实际产生的减排量；可使用 CCERs 和北京普惠型自愿碳减排量等；氢氟碳化物（HFC_s）、全氟化碳（PFC_s）、氧化亚氮（N_2O）、六氟化硫（SF_6）项目及水电项目减排量排除在外	不得超出当年核发碳配额量的 5%，其中：京外项目产生的 CCER 量不得超过当年核发碳配额量的 2.5%；津、冀等与京签署应对气候变化、生态建设、大气污染防治等相关合作协议地区有优先权
天津	所用于抵消自愿减排项目，应该是其所有核证减排量均产生于 2013 年 1 月 1 日后的项目；仅来自二氧化碳气体项目，不含水电产生减排量	不得超出当年核发碳配额量的 10%；至少 50% 来自京津冀地区温室气体自愿减排项目
上海	2013 年 1 月 1 日后实际产生减排量非水电项目	不得超出当年核发碳配额量的 3%
福建	福建省内产生 CCER；非水电项目；仅来自 CO_2、CH_4 温室气体	不得超过经当年确认排放量的 5%（林业碳汇不得超过 10%）
深圳	CCERs；深圳市碳普惠核证减排量；深圳市生态环境主管部门批准的其他核证减排量	抵扣比例不得超过履约量的 20%，且非重点排放单位在本市碳排放量核查边界范围内产生的核证减排量
广东	CO_2 或 CH_4 气体的减排量占项目温室气体减排总量的 50% 以上；非水电项目、化石能源的发电、供热和余能利用项目；由清洁发展机制项目（CDM）于注册前产生的减排量除外	广州碳排放权交易所完成 CCER 交易；不得超出当年核发碳配额量的 10%；70% 以上 CCER 来自广东省内项目；非国家批准的其他碳排放权交易试点地区或已启动碳市场地区的项目
湖北	非大中型水电类项目	湖北省内且在纳入碳排放配额管理企业组织边界范围外产生。抵消比例不超过企业年度碳排放初始配额的 10%
重庆	减排项目应当于 2010 年 12 月 31 日后投入运行，碳汇项目不受此限制，不接受水电项目	不得超过审定排放量的 8%

3. CCER 用于企业的碳中和

企业除通过能源替代和技术降碳以外，还能通过购买碳信用实现碳中和，主要根据英国标准协会（BSI）于 2009 年发布的一项国际性碳中和申明规范，即 PAS 2060。该规范规定，企业实现碳中和途径包括碳足迹量化、减排行为实施和降低温室气体排放等。目前，国内已有多家企业通过购买 CCER 的方式抵消自身在一定时期内的温室气体排放量。例如，2021 年 5 月，某酒店通过购买并注销 CCER 的方式，完成当年 2、3 月份温室气体排放总量（630 吨二氧化碳当量）的中和，获得了第三方机构颁发的碳中和证书。

4. CCER 用于大型活动的碳中和

根据生态环境部发布的《大型活动碳中和实施指南（试行）》要求，大型赛事、大型会议和活动的碳排放可用 CCER 等碳信用进行碳中和，如 2021 年，中国石化、中远海运和东方航空在上海环境能源交易所的见证和认证下，通过购买 10.3 万吨 CCER 并注销，实现全球第一船原油的全生命周期的碳中和。再如，2022 年北京冬奥会和冬残奥会期间，经核查后的全生命周期碳排放为 130.6 万吨二氧化碳当量，通过使用企业捐助的 CCER 进行注销，实现北京冬奥会和冬残奥会的碳中和。

5. CCER 作为金融资产，开展质押、碳信托等业务

CCER 作为碳市场的交易标的，具有碳金融衍生品的性质。近年来，金融机构和企业逐渐认识到 CCER 的资产属性，并围绕 CCER 开展了碳金融实践探索。在碳信托方面，2021 年 5 月，中国海油所属中海信托与海油发展举行签约仪式，成立全国首单以 CCER 为基础资产的碳中和服务信托；2022 年 8 月，鲁信集团下属山东国际信托发起设立全国首单 CCER 碳资产收益权绿色信托。在 CCER 质押方面，2021 年，浦发银行与上海环境能源交易所、申能碳科技公司共同完成长三角地区首单碳排放配额（SHEA）和 CCER 组合质押融资；2022 年，北京绿色交易所、北京银行城市副中心分行和北京天德泰科技公司达成一笔 300 万元 CCER 抵押贷款合作协议。

Dr.Carbon

（四）CCER 的开发流程

根据生态环境部 2023 年 10 月印发的《温室气体自愿减排交易管理办法（试行）》，CCER 开发主要包括两方面：项目审定与登记、减排量核查与登记（图 4–9）。

项目审定与登记具体包括：

1. 项目业主根据发布方法学要求，编写项目设计文件；

2. 在项目登记前，项目业主在注册登记系统公示项目设计文件，然后通过审定与核查机构审定形成项目审定报告并向社会公开；

3. 项目业主提交项目登记材料，注册登记机构在 15 个工作日内对项目情况进行审核，并将项目情况及相关材料向社会公开；

4. 通过审核的项目可在注册登记系统登记。

减排量核查与登记具体包括：

1. 经过注册登记系统登记的项目可按照项目方法学等相关技术规范要求编制减排量核算报告，申请减排量登记；

2. 减排量核算报告经 20 个工作日公示后，需由审定与核查机构核查，出具减排量核查报告，并在注册登记系统向社会公开；

3. 项目业主向注册登记机构申请项目减排量登记，注册登记机构在 15 个工作日内对项目减排量进行审核，并将项目情况及相关材料向社会公开；

4. 经过登记的项目减排量称为“核证自愿减排量”，可进行交易。

（五）CCER 的价格走势

在 2021 年全国碳市场将 CCER 纳入履约抵消范围之前，不同项目类型的 CCER 价格存在一定的差异，但基本维持在 30 元 / 吨以下，不同地方碳市场对于 CCER 使用要求和门槛不同。随着全国碳市场允许

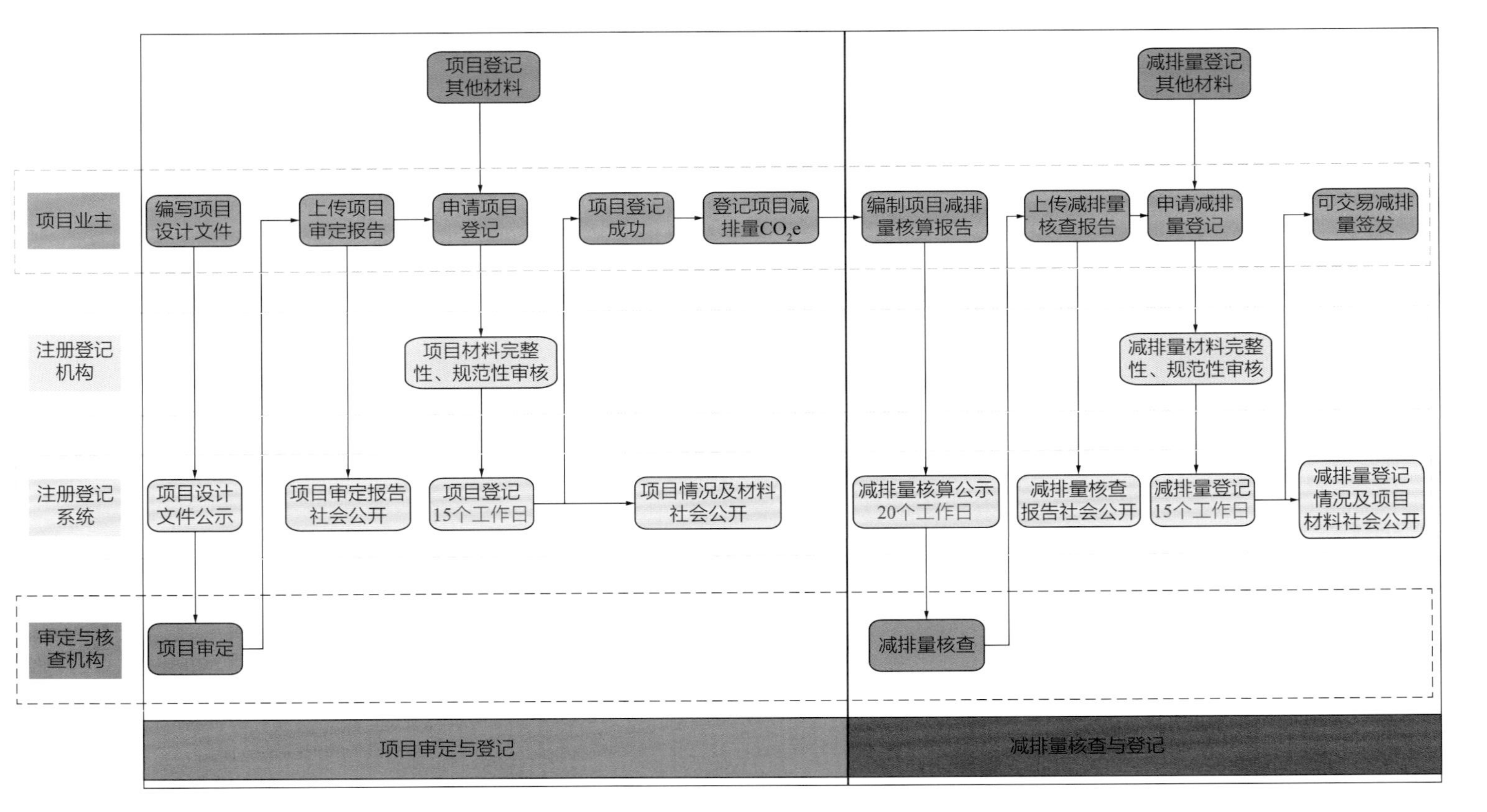

图 4-9　CCER 开发流程图

签发的所有项目类型的 CCER 都可用于抵消全国碳配额，CCER 的价格出现了一轮快速上涨。从供给侧来看，由于 CCER 在 2017 年 3 月暂停签发，市场中可交易的 CCER 主要为 2017 年前签发量，未有增量加入；从需求侧来看，CCER 主要用于全国和地方试点碳市场履约，以及部分企业碳中和抵扣需求，需求空间巨大。随着全国碳市场配额价格上涨，CCER 价格持续走高，2023 年 CCER 的价格在 65~90 元 / 吨。随着未来 CCER 项目签发重启，市场存量得到补充之后，CCER 价格或有一定回落。但总体而言，由于 CCER 价格与强制市场配额通过抵扣形成连动，以及国家对 CCER 项目准入类型以及审定更为严格，中长期 CCER 价格或有所上行。

第五章

碳交易案例分析

亲爱的读者们，我是碳博士。众所周知，理论与实践相结合才是硬道理，本章碳博士将通过三类碳交易及低碳技术在能源行业中的应用案例，让“碳市场”不再是秘密！

在全球气候变化协议与碳市场建设推动下，全世界各国都在积极实践，探索通过市场交易促进碳减排的方式。我国碳市场发展已有十余年，碳市场运行机制日趋完善，减排效果逐步提升，市场减排创新机制与案例层出不穷。国家提出“双碳”目标、全国碳市场启动以来，市场主体的创新创效实践达到前所未有的活跃度。本章将介绍碳交易为企业降本增效、实施碳中和油气贸易、开发规模化 CCUS 负碳技术等优秀案例，用以开拓市场参与者的实践思路。

一、碳交易降本增效案例

自 2013 年我国启动碳排放权交易市场以来，碳交易业务加速进入公众视野，相关交易机构、控排企业及投资实体如雨后春笋一般涌现。近年来，碳交易逐渐成为社会热点，受到各行各业广泛关注。然而，碳市场的管理机制、市场主体的重视程度以及控排企业的制度流程、决策机制等方面的差别，都会对碳交易结果产生显著影响。

（一）主动寻求市场机会案例

某企业进入试点碳市场初期，以“抱团观望”的心态，被动应对企业碳履约要求，未能建立碳资产管理相关的内部决策流程体系，导致在履约前仓促购买碳配额填补缺口，付出了高达 3000 余万元的履约成本。

此后，该企业化被动为主动，大力提升碳交易工作重视程度，进行了一系列卓有成效的改革。一是建立了完备的企业碳资产管理流程，优化交易决策流程，配套相应的资金管理与财税制度。二是组建碳资产管理领导小组，设置专业的碳资产管理岗位，专人负责碳排放报告、核查、交易、履约等相关业务，形成专业化管理体系。三是在集团化管理框架下，发挥专业平台优势，协同拓展交易资源渠道，优化资金使用流程，积极预判自身配额盈亏，实施稳妥的交易策略，捕捉市场机会优化采购节奏。此外，该企业依据对市场形势的分析研判，及时调整仓位，适当提前采购部分下一年度所需配额，有效避免了临近履约期仓促采购的被动局面，最终获利 1200 万元（图 5–1）。

案例1：企业重视程度不同

被动型企业

态度：

- 第一批控排企业，不重视；
- “抱团观望”。

体系：

- 各企业自行管理，向集团报备；
- 集团决策迟缓，未能及时批复。

代价：

- 履约前仓促购买配额；
- 配额缺口60万吨，履约共付出3000余万元。

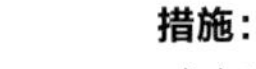

主动型企业

措施：

- 成立碳资产部，加强政策研究，提升碳资产管理能力；
- 向地方主管部门建议，采取行业基准线法对其所在行业进行配额分配；
- 采取燃料替代等措施降低碳排放；
- 实施稳健的市场交易策略，积极进行市场交易。

收益：

- 年初买入，年底卖出部分盈余，获利1200万元。

图 5–1　不同类型企业碳交易效果迥异

该企业在碳交易工作上主动作为、积极应对后，其碳排放履约成本显著下降，账面碳资产价值明显提升，碳资产管理效率和业绩发生质的飞跃，为企业降本增效作出了突出贡献。

（二）碳配额与 CCER 置换降本案例

当前，全国及地方碳市场均可使用一定比例的 CCER 履约。各碳市场因设计和发展策略不同，地域性、行业性界限清晰，市场之间相互割裂，而 CCER 履约适用于全部碳市场，一定程度上实现了各市场间的联通与平衡。高碳价市场的履约企业有机会采购价格相对较低的 CCER，置换出高价碳配额出售获利，或者减少高价配额的采购量，以降低成本。

某控排企业处于高碳价市场中，通过提前预判自身配额盈缺，提早准备资金，寻找合适的 CCER 资源，择机采购低价 CCER 资源 20 万吨用于履约，同时以比 CCER 采购价格高约 6 元 / 吨的价格卖出相应数量的碳配额。在不影响企业履约的情况下，实现了价差收益 120 万元。

（三）通过拍卖机制实现履约目标案例

有偿竞拍是一种平衡碳配额市场供需的重要手段，对稳定市场价格、高效达成市场减排目标起到积极作用。在欧盟和北美的碳市场中，有偿竞拍是配额发放的主要方式，也是市场价格重要的锚。我国地方碳市场中，广东、湖北等试点市场率先推出碳配额拍卖机制。截至当前，绝大部分试点碳市场已经建立起成熟的有偿竞拍机制，全国碳市场也在积极探索通过拍卖机制来活跃市场。

具体来看，我国地方碳市场拍卖频率一般为每年 1~5 次，拍卖时间通常安排在履约期前，为控排企业完成履约提供保障；拍卖底价设置一般选取一段时期内市场均价或均价乘以调节系数；拍卖成交顺序主要设置为价格优先、时间优先；拍卖成交价格主要有边际统一价成交与申报价成交两大类。此外，主管部门将根据市场情况合理制定每场拍卖的竞拍总量、市场参与者限拍量及可参与竞拍的市场主体类别等相关竞拍要求。

企业通过积极参与拍卖市场，可有效降低履约成本，管控履约期价格波动风险。例如，北京试点市场的某企业履约缺口较大，但市场有效供给不足，盘面流动性低，以往都需要大力寻找场外资源，企业履约难度大、效率低、成本高。2022 年北京碳市场推出拍卖机制后，该企业积极参与有偿竞拍，低成本高效完成碳配额缺口填补工作，圆满完成履约任务。再如，对于湖北试点市场而言，年底履约前既是交易活跃期，也是拍卖交易期。某企业通过市场研判与分析，判断交易活跃期碳价偏高，决定直接参与拍卖补充配额缺口，实现了低成本履约。此外，上海、广东的部分企业也高度重视拍卖机会，通过择机参与一次或几次拍卖，满足企业履约需求。

二、碳中和油气贸易案例

（一）碳中和油气贸易背景

作为我国国民经济的支柱产业，油气行业对我国经济发展和社会进步作出了突出贡献，而在“双碳”目标新要求和能源转型大趋势推动下，油气行业面临的减排减碳、绿色发展压力日渐增大。据统计，石油和天然气作为重要化石能源，产生的碳排放占到我国二氧化碳排放总量的 20% 左右，因此“十四五”期间油气领域实现清洁低碳发展至关重要。习近平总书记提出“推动能源技术革命，带动产业升级”，其核心是实现绿色和低碳发展，是一种全新的生态文明观。在这一理念的引领下，我国油气行业的自我革新和产业升级也将提速。行业预计，碳中和目标驱动下，全球石油需求将在 2030 年前后进入平台期，天然气需求在 2040 年前后进入平台期，均比之前预测的峰值时间点有所提前。与此同时，非化石能源迅猛发展，预计到 2030 年，我国非化石能源在一次能源消费中的占比要达到 25%，2040 年非化石能源需求占一次能源比重将达到 42% 左右。

从石油贸易领域来看，传统油气贸易绿色转型已成为各国实现碳中和目标的重要载体，壳牌、BP、道达尔等国际油气公司纷纷开展了碳中和油气贸易，全球最大的价格评估机构普氏公司也推出了碳中和油气贸易报价体系。调查显示，《财富》全球 500 强企业中，多数企业已公开承诺碳中和目标，包括苹果、微软、BP、壳牌、道达尔、我国五大电力、“三桶油”等行业巨头，纷纷做出了碳达峰和碳中和承诺，努力在气候变化中抢占先机，引领行业发展。然而，鉴于石油产业链较长、工艺流程复杂、碳排放测算难度较大等特点，此前全球范围内尚缺乏真正意义上的碳中和石油贸易先例。在此背景下，中国石化经过深入研究，携手中远海运和中国东航共同开展我国首船全生命周期碳中和石油贸易，树立起能源行业低碳转型标杆，吹响石油向“绿色能源”领域进军的号角，引领行业绿色洁净发展。

（二）我国首船全生命周期碳中和石油贸易案例

2021 年 9 月 22 日，正值习近平总书记提出“双碳”目标一周年之际，中国石化、中远海运、中国东航在上海联合举办我国首船全生命周期碳中和石油认证仪式，上海环境能源交易所向三家企业颁发我国首张碳中和石油认证书，这是中国石化与中远海运、中国东航发挥各自优势，共建“绿色交通新模式”的创新实践，探索了一条跨行业、全周期、零排放的路径，对我国交通能源领域推动“双碳”目标落地具有里程碑意义（图 5–2、图 5–3）。

图 5–2　我国首船碳中和石油形象设计

此碳中和石油项目的原油产自中国石化国勘公司在安哥拉的份额油，由中国石化联合石化公司负责进口，中远海运作为承运方，行程

9300 余海里，跨越大西洋、印度洋、太平洋，运抵我国舟山港，经过二程船运输，30086 吨原油在中国石化高桥石化进行炼制，共生产 8963 吨车用汽油、2276 吨车用柴油、5417 吨航空煤油，以及 2786 吨液化石油气、6502 吨船用柴油、2998 吨低硫船用燃料油。

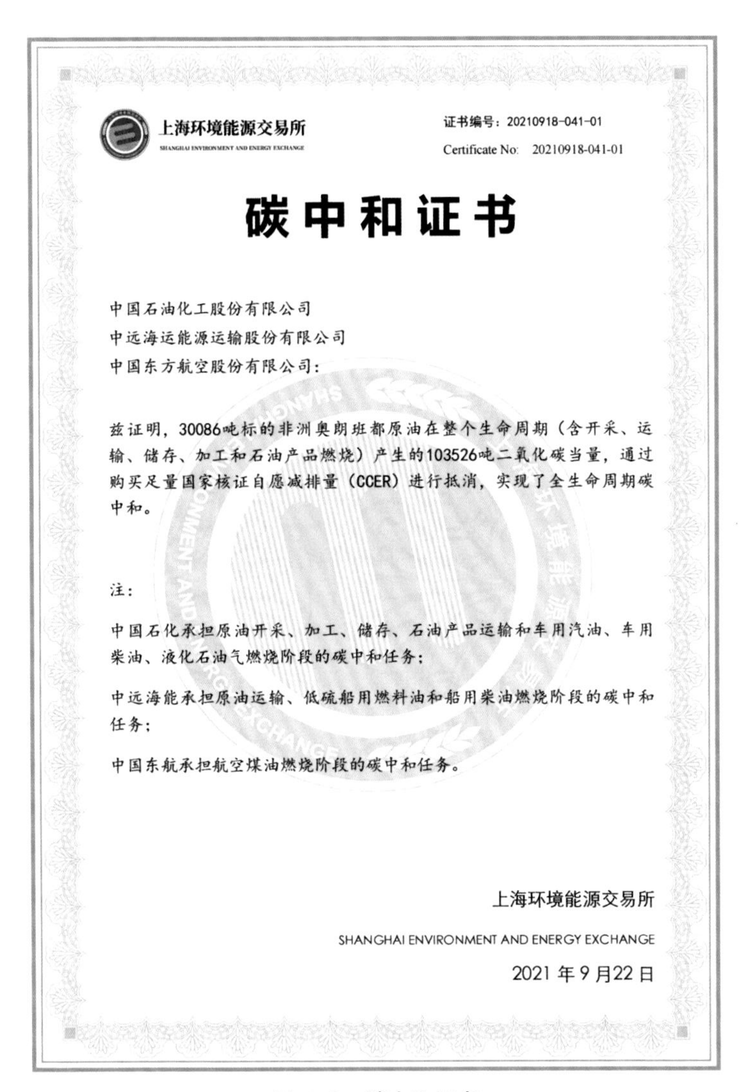
上海环境能源交易所
SHANGHAI ENVIRONMENT AND ENERGY EXCHANGE

证书编号：20210918-041-01
Certificate No: 20210918-041-01

碳中和证书

中国石油化工股份有限公司
中远海运能源运输股份有限公司
中国东方航空股份有限公司：

兹证明，30086吨标的非洲奥朗班都原油在整个生命周期（含开采、运输、储存、加工和石油产品燃烧）产生的103526吨二氧化碳当量，通过购买足量国家核证自愿减排量（CCER）进行抵消，实现了全生命周期碳中和。

注：

中国石化承担原油开采、加工、储存、石油产品运输和车用汽油、车用柴油、液化石油气燃烧阶段的碳中和任务；

中远海能承担原油运输、低硫船用燃料油和船用柴油燃烧阶段的碳中和任务；

中国东航承担航空煤油燃烧阶段的碳中和任务。

上海环境能源交易所
SHANGHAI ENVIRONMENT AND ENERGY EXCHANGE
2021 年 9 月22 日

图 5-3　碳中和证书

为抵消该批次石油全生命周期的碳排放，中国石化、中远海运、中国东航通过积极实施节能减排策略及购买国家核证自愿减排量（CCER）来抵消石油全生命周期的碳排放，并聘请了上海环境能源交易所作为

碳中和认证机构。用于抵消本次碳排放的减排项目主要包括：江西丰林碳汇造林项目、大理州宾川县干塘子并网光伏电站项目、两岸新能源合作海南航天 50 兆瓦光伏项目、黑龙江密山林场（柳毛）风电厂项目、贵州省三都水族自治县农村沼气利用项目等，在资助边远地区发展农林种植业、开发低碳绿色能源以及扶贫脱贫的同时，实现了完整意义上的我国首船碳中和石油。

碳中和石油项目执行流程如图 5-4 所示。

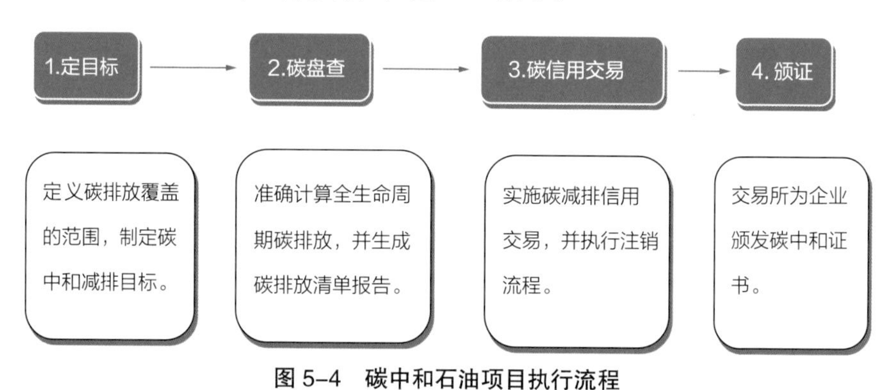

图 5-4　碳中和石油项目执行流程

项目邀请中国船级社质量认证公司作为第三方核查机构，从石油开采、运输、储存、炼制到产品消费等各环节，精准测算出全生命周期所产生的二氧化碳，实施节能减排策略以及采购减排量进行中和，从而实现每一滴油从“摇篮”到“坟墓”的碳排放抵消。三家单位发挥各自优势，其中，中国石化承担了本次原油开采、储存、加工、石油产品运输以及车用汽油、车用柴油、液化石油气燃烧的碳排放抵消责任；中远海运承担了原油运输和船用燃料油燃烧的碳排放抵消责任；中国东航承担了航空煤油燃烧的碳排放抵消责任。

油气行业在“双碳”目标新要求和能源转型大趋势背景下需要找到减排减碳、绿色发展的新方向。在此背景下，中国石化携手中远海运和中国东航共同开展我国首船全生命周期碳中和石油贸易，探索了实现碳中和石油贸易的一条清晰路径，树立起行业标杆和典范，吹响石油向“绿色能源”领域进军的号角（图 5–5），其突出意义有三层。

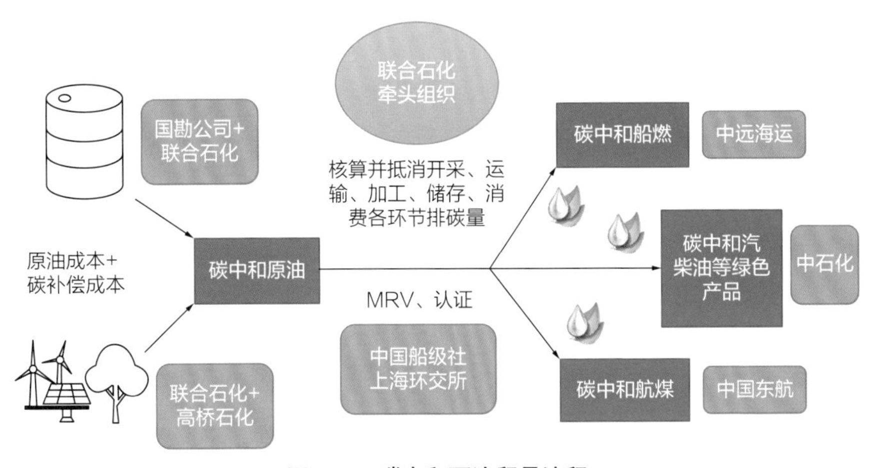

图 5–5 碳中和石油贸易流程

一是引领，树立起碳中和石油贸易标杆。在此之前，我国并无碳中和石油贸易先例，全球也缺乏成熟的碳中和石油贸易模式。本次通过科学、严谨和透明化的操作，一定程度上树立起行业标杆和典范，引领石油贸易绿色发展。

二是探索，首次规范地计算了全周期碳排放值。石油全生命周期涉及开采、运输、炼制、存储、燃烧等各个环节，产业链过于复杂，全球范围内也缺乏全生命周期的碳排放数据。本次通过与核查机构合作，首次完整清晰地计算出了石油全生命周期碳排放数量，即 1 吨油约产生 3.4 吨二氧化碳。

三是合作，形成海陆空全领域覆盖抵消模式。本次中国石化与中远海运、中国东航发挥各自优势，共担减排责任，实现了海陆空全覆盖的碳中和，是“绿色交通新模式”的创新实践，对我国交通能源领域推动“双碳”目标落地具有里程碑意义。

（三）碳中和 LNG（液化天然气）贸易案例

碳中和 LNG 是指通过生态碳汇、可再生能源发电、CCUS 等项目的减排量来抵消 LNG 产业链中开采、处理、液化、运输、再气化以及终端使用等全部或部分生命周期排放的二氧化碳，从而实现 LNG 产业链全链条或部分链条的零排放。为实现碳达峰、碳中和目标，在能源消费结构从高碳化石能源向低碳能源发展过程中，碳中和 LNG 将起到重要的桥梁作用。当前，全球有 10 余个以上的自愿碳减排认证机制，碳中和 LNG 可以从不同机制中选择项目来抵消碳排放。具体来看，碳中和 LNG 贸易有现货、长期协议和拍卖等形式。

1. 碳中和 LNG 现货贸易

全球首批碳中和 LNG 现货合同签署于 2019 年 6 月，荷兰皇家壳牌集团（以下简称“壳牌”）宣布与东京瓦斯株式会社（以下简称“东京燃气”）和韩国 GS 能源达成全球首批碳中和 LNG 贸易，由壳牌向两家公司各出售一船碳中和 LNG。

壳牌表示，碳中和 LNG 是他们为客户提供的另一种选择，因为客户寻求解决当今的二氧化碳排放问题。同样，客户也能够向希望减少能源使用碳足迹的下游客户提供相同的服务。

抵消过程中所使用的每个碳信用都经过第三方验证程序，代表减少或移除 1 吨二氧化碳。这笔交易的碳信用来自壳牌开发的全球自然减排项目组合，包括印度尼西亚的 Katingan 泥炭地恢复和保护项目，以及秘鲁的 Cordillera Azul 国家公园项目。这些项目还具有额外的社会效应，例如为当地社区提供替代收入来源，提高土壤生产力，清洁空气和水以及保护生物多样性。

我国首笔碳中和 LNG 贸易合同签署于 2020 年 6 月，由中国海洋石油集团全资子公司中海石油气电集团有限责任公司与壳牌东方贸易公司签署采购两船碳中和 LNG 资源的购销协议，首次为中国大陆引进碳中和 LNG 资源。据估算，这两船碳中和 LNG 用于发电后，可满足近 30 万户家庭一年的清洁用电需求。

该船 LNG 来源国为阿曼，它从勘探开发到最终使用所产生的全部温室气体排放，通过开发成 VCS 标准的青海和新疆植树项目、河北固原风电项目，以及开发成 REDD+ 标准的津巴布韦造林项目进行碳排放抵消，从而实现这船 LNG 全产业链温室气体“净零排放”。此外，中海油还从道达尔采购了一船碳中和 LNG，同样使用 VCS 项目产生的减排量抵消。

2. 碳中和 LNG 长约贸易

全球首笔碳中和 LNG 长约合同签署于 2021 年 4 月，由中国石油天然气集团有限公司与壳牌签署，协议中规定，每船 LNG 都将抵消从勘探开发到最终消费产生的二氧化碳排放，实现 LNG 全生命周期碳中和。碳减排项目选用基于自然减排类型的碳汇，该类碳汇项目旨在通过保护、改造或恢复土地，增加大自然中的氧气并吸收更多的二氧化碳。

2021 年 7 月 6 日，由壳牌东方贸易有限公司向中国石油国际事业有限公司提供的首船 6.6 万吨碳中和 LNG 长约货物在大连港完成卸货。这是全球首个以长约形式开展的碳中和 LNG 贸易业务，是推动行业低碳转型发展和助力我国实现“双碳”目标的积极尝试。

3. 碳中和 LNG 竞拍

2020 年 9 月，我国大陆首批碳中和 LNG 线上竞拍成功推出，最终以 3027 元 / 吨的均价成交，提气日期安排在 2020 年 10 月至 2021 年 3 月之间。这批碳中和 LNG 为当年 6 月份中海石油气电集团有限责任公司从壳牌东方贸易公司购得，并委托上海石油天然气交易中心进行线上竞拍。这是我国大陆内部首批交易的碳中和 LNG，也是碳中和 LNG 全球首次线上竞拍，备受关注。

据交易中心披露的信息，此次交易双方达成的成交量为 6.8 万吨，成交价格基本接近市场水平。总体来看，该批次碳中和 LNG 竞拍价格与普通 LNG 价格相差无几，并没有因为“碳中和”的绿色净零属性而形成明显的市场溢价。

当前，碳中和 LNG 贸易仍处于初始发展期，行业呈现三个较为突出的特点：

一是大型国际能源公司和国有大型能源企业是碳中和 LNG 贸易的主要参与者。壳牌、道达尔、BP 等国际能源巨头掌握主要碳中和 LNG 资源，中国海油、东京燃气等企业成为主要采购方。

二是亚洲国家是参与碳中和 LNG 贸易的主要力量。碳中和 LNG 进口国主要集中在中国、日本、韩国、新加坡等亚洲国家，欧洲国家参与较少。

三是碳中和 LNG 贸易的单笔规模较小。当前，采购碳中和 LNG 的企业主要是进行尝试性的交易。随着行业相关规则和国际通行标准的逐步完善，以及碳中和观念进一步得到重视和认可，未来参与企业的规模、数量有望不断上升。

（四）碳中和航次案例

碳中和概念的应用范围十分广泛。近年来，航运业为响应“碳达峰、碳中和”目标，以及以国际海事组织（IMO）为代表的国际组织制订的节能减排计划，纷纷开展实现运输过程碳中和的探索和尝试。中化石油对 Island Splendor 号油轮的中东—中国运输航次碳排放进行中和，在北京绿色环境交易所、中国船级社质量认证公司提供专业服务的支持下，完成国内首例油轮航次碳中和实践。

2021 年 1 月 26 日，Island Splendor 号油轮按照计划驶离青岛港，2 月 21 日，油轮顺利达到中东码头开始货物装载，并于 3 月 25 日在青岛港完成卸港。中国船级社质量认证公司核查团队按照相应方法论对 Island Splendor 号油轮航次全过程碳排放进行了核查，根据核查结果，以注销 8583 吨国家核证自愿减排量（CCER）的方式，获得油轮该运输航次的碳中和证书，实现了国内首例油轮航次碳中和（图 5-6）。4 月 2 日，北京绿色交易所举办碳中和核查证明及证书颁发仪式，见证国内首例油轮航次碳中和实践的圆满收官。

证书编号：cbgex-cn-2021002

Carbon Neutrality Certificate

碳中和证书

兹证明，中化石油有限公司Island Splendor号油轮（IMO编号：9508861）在青岛—巴士拉—青岛航程中（2021年1月26日至2021年3月25日，总航程13168海里）固定源排放所产生的8583tCO2e温室气体，通过购买等量华能阜新风电场二期（阜北）工程项目产生的国家核证自愿减排量进行抵消，实现碳中和。

北京绿色交易所有限公司

2021年4月2日

中国船级社
CHINA CLASSIFICATION SOCIETY

碳中和证书

CERTIFICATE OF CARBON NEAUTRALITY

证书编号/No: EC31(B)2021001

兹证明受中化石油有限公司委托，本机构根据核查准则和相关核查程序对

中化石油有限公司 Island Splendor 油轮在特定航段单次运输任务

的碳中和行动进行评价，兹证明：

1. 审核准则：ISO 14064-1:2018、PAS 2050:2011、IMO.MEPC.1/Circ.684。
2. 核查边界与时间：中化石油有限公司 Island Splendor 油轮（新峪洋号，IMO 编号：9508861），覆盖航段：青岛/中国-巴士拉/伊拉克-青岛/中国，覆盖时间段：2021 年 01 月 26 日（1200LT）至 2021 年 03 月 25 日（0700LT）。
3. 温室气体排放总量：8583 吨二氧化碳当量。
4. 碳中和过程：中化石油有限公司通过协议购买华能阜新风电场二期（阜北）工程项目（CCER）减排量完成对上述温室气体排放总量（8583 吨二氧化碳当量）的中和，该过程符合 PAS 2060:2014 的要求。

发证地点 Issued At：北京 Beijing

发证日期 Issued On：2021 年 04 月 02 日 April 2, 2021

发证机构 Issued By：中国船级社质量认证公司 CCS Certification

签发 Signed By

Nº A00007423

第 1 页 共 1 页

图 5-6　碳中和航次证书

中化石油公司在碳中和航次实施过程中，通过碳盘查、节能减排、独立第三方机构碳排放核查、购买及核销国家核证自愿减排量等严谨程序，在国内打通了航运物流环节碳中和实践的全流程，为航运业碳中和进行了有效探索。

三、碳交易延伸——CCUS 低碳技术应用

（一）相关技术背景

CCUS（Carbon Capture Utilization and Storage），即碳捕获、利用与封存技术，是指将二氧化碳从工业或其他碳排放源中捕集，并运输到特定地点加以利用或封存的产业链技术，包括碳捕集、碳储运、碳地质利用与封存、碳转化利用等环节，具有减排规模大、减排效益明显的特点，是实现碳中和目标的最关键技术之一。

根据碳排放浓度不同，捕集技术有燃烧后捕集、燃烧前捕集、富氧燃烧等。近年来，直接空气捕集技术（DAC）也被广泛关注并应用。碳储运包括槽车、船运、管道运输等方式。捕集来的二氧化碳，可以进行地质封存，或与地质利用相结合。

我国低渗油藏和潜山类厚油藏较多，采用的注入气多为天然气或二氧化碳，可以解决水驱注入压力高或注不进、无水源可注的问题。近年来，我国石油公司针对水驱效果不好的低渗、特低渗油藏加大了二氧化碳驱油矿场试验力度，覆盖储量超亿吨，提高采收率 6%~20%。其中，大庆、吉林、胜利等油田都曾开展过二氧化碳驱油相关工作。在此基础上，利用油气藏封存二氧化碳是一种永久封存二氧化碳的方法，通过油田注入井或生产井将超临界状态的二氧化碳注进油气藏中，是进

行二氧化碳封存的主要方式之一。注入油气藏中的二氧化碳一般以三种形式存在：一是分子形式，注入的二氧化碳在储层中受浮力作用存在于盖层下，经扩散后形成二氧化碳储层；二是溶解形式，随着封存时间增加，二氧化碳逐渐在地层水中溶解，在地层中得到长期封存；三是化合物形式，地层的压力、温度使得二氧化碳与矿物反应生成化合物，从而使二氧化碳矿化后得以封存。

我国有较大的石油地质储量适合二氧化碳驱油，加快 CCUS 产业发展可为保障国家能源安全提供有力的技术支撑。同时，CCUS 作为实现碳中和必不可少的技术路径，减排潜力巨大，工业利用前景广阔。研究表明，我国未来有 10 亿多吨碳排放量依靠 CCUS 来实现中和，将有力推进化石能源洁净化、洁净能源规模化、生产过程低碳化。

近年来，我国石油公司针对水驱效果不好的低渗、特低渗油藏加大了二氧化碳驱油矿场试验力度，覆盖储量超亿吨，提高采收率 6%~20%。其中，大庆、吉林、胜利等油田都曾开展过二氧化碳驱油相关工作。随着碳达峰、碳中和政策实施和各行业行动方案的进一步落地，二氧化碳驱油封存产业将迎来快速发展的机遇期。

（二）我国首例百万吨级 CCUS 项目实践

2022 年 1 月 29 日，我国首个百万吨级 CCUS 项目——中国石化所属齐鲁石化—胜利油田 CCUS 项目全面建成（图 5-7）。项目投产后每年可减排二氧化碳 100 万吨，相当于植树近 900 万棵、近 60 万辆经济型轿车停开一年，预计未来 15 年可实现增产原油 296.5 万吨。这是目前国内最大的 CCUS 全产业链示范基地和标杆工程，对我国 CCUS 规模化发展具有重大示范效应，对搭建“人工碳循环”模式、提升我国碳减排能力具有重要意义。

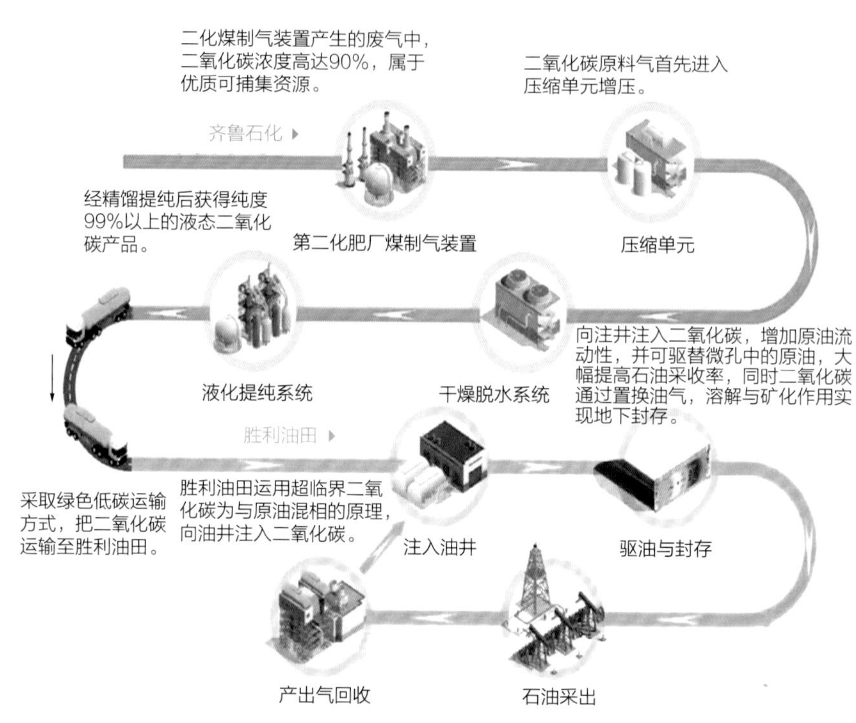

图 5–7　齐鲁石化—胜利油田 CCUS 项目

该项目于 2021 年 7 月启动建设，由齐鲁石化二氧化碳捕集、胜利油田二氧化碳驱油与封存两部分组成。齐鲁石化捕集的二氧化碳采用绿色运输方式，送至胜利油田进行驱油封存，实现了二氧化碳捕集、驱油与封存一体化应用，把二氧化碳封在地下，把油驱出来，“变废为宝”。在碳捕集环节，齐鲁石化新建 100 万吨 / 年液态二氧化碳回收利用装置，回收煤制氢装置尾气中的二氧化碳，提纯后纯度可达 99% 以上。在碳利用与封存环节，胜利油田运用超临界二氧化碳易与原油混相的原理，建成 10 座无人值守注气站，向附近 73 口油井注入二氧化碳，增加原油流动性，大幅提高原油采收率，同时油气集输系统全部采用密闭管输，提高二氧化碳封存率。

2023 年 5 月份，齐鲁石化—胜利油田百万吨级 CCUS 示范项目二氧化碳输送管道全线贯通投运。该工程是国内首条百万吨输送规模、百公里输送距离、超临界相态二氧化碳输送管道，全长 109 千米，设计最大输送量 170 万吨 / 年，架起了二氧化碳管输的“碳循环桥”，对降低二氧化碳运输成本，增强 CCUS 项目全产业链竞争力，实现“双碳”目标具有重大意义。

据悉，“十四五”期间，中国石化将继续加大 CCUS 开发建设力度，研究建立碳捕集利用与封存技术研发中心，建成“技术开发—工程示范—产业化”的二氧化碳利用技术创新体系，延展清洁固碳产业链，打造碳减排技术创新策源地，力争再建设百万吨级 CCUS 示范基地，实现 CCUS 产业化发展，为我国实现“双碳”目标开辟更为广阔的前景。

第六章

碳资产开发案例分析

亲爱的读者们，我是碳博士。在全球范围内，碳资产开发已成为重要的环保领域，有望助力企业实现可持续发展。什么是碳资产？碳资产项目如何开发？本章碳博士将带大家一起“碳”见未来。

我们在第二章中提到，碳交易分为强制减排交易和自愿减排交易，其中，强制减排交易的标的主要是碳配额；自愿减排交易的标的主要是项目减排信用额，也称为碳汇，其类型主要包括风电、光伏、节能、林业碳汇、甲烷回收等。碳资产就是指在强制碳排放权交易机制或者自愿碳排放权交易机制下，产生的可直接或间接影响组织温室气体排放的配额排放权、减排信用额及相关活动。

碳资产开发的一般流程主要包括项目设计、审定、注册、实施与监测、核查与核证、签发六个环节，但是项目设计之前要先进行专业的评估，对项目进行识别，选定合适的减排机制，估算大致的减排量。本章结合目前全球具有代表性的 VCS、UER 等自愿减排机制和国内影响最广的 CCER 自愿减排机制，以项目申报时应用的方法学为依据，从林业碳汇、可再生能源、工业污水甲烷回收、油气回收等项目中，各筛选出一个碳资产开发的案例，向读者分享开发过程中需要注意的关键点及碳减排量计算的主要方法，为今后快速识别、评估、开发相关碳资产提供初步参考。

Dr.Carbon

一、林业碳汇开发案例

（一）林业碳汇的含义

“碳汇”一词来源于《京都议定书》，该议定书将碳汇定义为从大气中清除二氧化碳的过程。“碳汇”是负碳技术的统称，是实现碳中和

的必要手段。最新的减排机制倾向于把碳减排分为碳避免（低碳，如节能减排等）、碳替代（零碳，如绿电、绿热等）、碳消除（负碳，如植树造林、CCUS 等）三种类型，狭义上的碳汇仅指碳消除，是最优质的碳减排量之一。

现阶段，碳汇主要指自然碳汇，如陆地生态系统中，林业碳汇、草地碳汇、耕地碳汇等。以林业碳汇为例，它是指利用森林、竹林的光合作用，通过植树造林、加强森林经营管理、减少毁林、保护和恢复森林植被等活动，吸收和固定大气中的二氧化碳，并按照相关方法学将其开发为碳资产，以实现经济价值。由于林业碳汇的“负碳”属性，其市场认可度更高，所以在国际碳信用市场上，获得越来越多买家的青睐，被认为是最优质的碳汇资产。

（二）林业碳汇的关键要求

林业碳汇主要包括造林和营林两种。造林一般是指新造林，并对造林和林木生长全过程实施碳汇计量和监测而进行的活动；营林一般是指通过调整和控制森林组成和结构以促进森林生长，而增加碳汇的活动。林业碳汇项目的开发需具备严格的条件，CCER 和 VCS 等自愿减排机制的方法学要求基本相同，本书以原 CCER 碳汇造林项目为例，简要介绍以下关键要求。

1. 项目边界要求

精准确定林业碳汇项目地块的边界坐标；确定项目边界内地块的土地符合植被的连续面积、郁闭度、成林后树高等具体要求，并确保其已有天然或人工树苗未达规定的标准。

2. 额外性论证要求

项目业主需提供所有与额外性论证相关的数据、原理、假设等，识别在没有拟议的项目活动的情况下，项目边界内可能发生的各种土地利用情景，如果情景数量不超过 1 个，则项目不具有额外性，当情景数量超过 1 时，则可开展障碍分析（详见后续具体案例）；需论证项目在投资、制度、社会条件等方面，满足额外性要求。

3. 碳汇量核算要求

明确项目所含地上生物量、地下生物量、枯死木、枯落物、土壤有机质和木产品等六类碳库选择，并确定项目边界内各类生物量的调查方法，分别核算基准线和项目情景下的碳储量变化。

4. 监测要求

不同类型的碳库，监测重点不同，比如林木重点监测活立木的胸径、树高，灌木重点监测盖度等。此外，还要重点监测土地面积、样地面积、火灾面积等内容。

（三）广东某碳汇造林项目（原 CCER 项目）

1. 项目简介

广东某碳汇造林项目是国家发展和改革委员会签发的首个林业温室气体自愿减排（CCER）项目，对于 CCER 林业碳汇开发具有重要的示范意义。该项目是按照原 AR-CM-001-V01《碳汇造林项目方法学》开发的全国第一个可进入国内碳市场交易的中国林业温室气体自愿减排项目。

该项目于 2011 年在广东省欠发达地区梅州市五华县、兴宁市和河源市紫金县、东源县的宜林荒山实施碳汇造林项目，合计造林规模为 13000 亩，造林密度每亩 74 株，采用樟树、荷木、枫香、山杜英、相思、火力楠、红锥、格木、黎蒴 9 个树种进行随机混交种植。

2014 年 7 月，该项目获得国家发展和改革委员会的项目备案批复。项目计入期 20 年内预计可产生减排量为 34.7 万吨 CO_2e（吨二氧化碳当量，下同），年均减排量为 1.7 万吨 CO_2e。

2. 项目的基准线及额外性

本项目识别出基准线情景有 2 个：

情景 1：保持当前的宜林荒山状态；

情景 2：开展非碳汇造林。

广东东部山区属于欠发达地区，地方财政紧张，当地社区群众经济困难，没有资金造林。即使进行投资，在 20~30 年内没有经济回报，没有吸引力。因此，情景 2 存在投资障碍，保留情景 1。

3. 项目减排量的计算

该项目不同树种固碳量的计算采用如下公式进行：

$$CS=V\times D\times BEF\times(1+R)\times CF\times 44/12$$

式中，*CS* 表示各树种分碳储量，*V* 表示单株木材体积，*D* 表示树种基本木材密度，*BEF* 表示将林木的树干生物量转换到地上生物量的生物量扩展因子（散生木扩展因子取林木分扩展因子的 1.3 倍）；*R* 表示林木地下生物量与地上生物量比；*CF* 表示各树种生物量含碳率。按照标准规定，各树种的 *D*、*BEF*、*R*、*CF* 可取相应的缺省值或固定值。

事前估算减排量时，按照火灾等事故排放为 0，保守采用广西类似地区的单木生长方程来预测其基准线生长量。最终根据各新种植树种固碳量的和，减去基准线固碳量，得到年碳汇量为 1.7 万吨 CO_2e。该项目 2015 年获得首次签发 1.7 万吨，并以 20 元 / 吨的价格售出。

二、可再生能源项目碳资产开发案例

（一）可再生能源项目碳资产开发的特点

可再生能源具有高效、清洁、低碳、环保等特点，有利于促进生态环境和社会经济可持续发展，因此，我国能源转型的核心和关键环节是加快发展可再生能源。

目前，在各种减排机制下的可再生能源行业，无论是项目数量还是减排量均超过 50%，可再生能源行业的装机容量逐步扩大，以替代传统的化石燃料发电厂。2023 年，我国可再生能源总装机占全国发电总装机超过 50%，历史性超过火电装机。本章以原 CCER 可再生能源发电项目为例，简单介绍相关要求。

（二）可再生能源项目碳资产开发的关键要求

1. 项目批复情况

拟申报项目必须获得地方政府相关部门的批复，通常应该有土地批复、项目备案批复、项目环评批复等文件资料。

2. 项目边界

项目边界通常包括发电装置、变压器、变电所、用户、电网等。

3. 项目的基准线和排放因子

项目的基准线主要是由当地接入电网确定的。基准线的排放因子通常为接入电网的排放因子。一般风力发电、光伏发电的排放因子可以认为是 0。

4. 项目额外性

分析项目的内部投资收益率低于行业基准线，在不开发碳资产的情

况下，不具备财务上的可行性。如拟议的项目开发碳减排量获得额外的收益时，可以保证项目建设顺利进行。

（三）东北某风电场二期 49.5MW 风电项目（原 CCER）

1. 项目概况

本项目位于中国黑龙江省某市，2015 年申报为 CCER 减排项目，根据可研报告，本项目将安装和运行 33 台单机容量为 1500kW 的风力发电机组，项目总装机容量为 49.5MW，设计年等效满负荷利用小时数为 1914.2 小时，负荷因子为 21.85%，建成后每年将向东北区域电网输送电量 94752MW·h。

本项目采用 7×3 年的可更新计入期，预计第一个计入期内年平均减排量可达 93283 吨 CO_2e，在第一个 7 年计入期内的总减排量为 652981 吨 CO_2e。

本项目应用原 CCER 方法学 CM-001-V01《可再生能源发电并网项目的整合基准线方法学》（第一版）。

2. 项目的基准线及额外性

在本项目实施前，项目所在地没有发电厂，所需电力由东北区域电网提供，这是本项目的基准线情景。因本项目是可再生能源项目，通过替代基准线情景下以火电为主的东北区域电网的同等电量，从而实现温室气体的减排。

本项目的财务内部收益率在没有减排收益时为 6.41%，全投资财务内部收益率低于 8% 的基准线，计算减排收益后，项目的内部收益率为 8.08%，具备投资吸引力。

3. 项目减排量的计算

中国国家主管机构已经公布了中国电力系统的划分，根据该电力系统划分，本项目所属的电力系统为东北电网，包括黑龙江省、吉林省和辽宁省电网。基准线排放因子使用混合边际排放因子，即电量边际和容量边际的加权平均，经过加权计算，东北电网 2014 年的混合排放因子为 0.9845 吨 CO_2/MW・h。

根据方法学，本项目不考虑泄漏，项目排放为 0。

项目减排量 = 项目向电网输送电量 × 项目排放因子

=94752×0.9845

=93283 吨 CO_2e

本项目计入期内，基准线年排放量是 93283 吨 CO_2e，项目年排放量是 0 吨 CO_2e，计入期内年减排量预计为 93283 吨 CO_2e。

三、工业废水甲烷回收碳资产开发案例

（一）工业甲烷回收的意义

由于甲烷的增温效应是等质量二氧化碳的 28 倍，因此甲烷回收利用被列为碳减排项目的重点领域之一。甲烷回收利用的 CDM 方法学涵盖煤层气和矿井瓦斯、垃圾填埋、工业废水处理、城市生活污水处理、专业养殖粪便处理、农村甲烷利用联产发电、生活垃圾堆肥等方面。CCER、VCS、GCC 等减排机制大部分引用 CDM 相关方法学。本章将举例介绍工业废水甲烷回收项目。

工业过程中产生的高浓度有机废水主要来源包括：造纸、皮革加工、化工以及食品加工等。很多工业废水中含有大量碳水化合物、油脂、硫化物等物质，直接排放会严重污染环境。

高浓度有机废水的处理技术主要包括生物处理、化学处理、物理化学处理三类。生物处理技术就是通过微生物代谢降解水中的污染物，主要包括好氧生物处理法和厌氧生物处理法。化学处理技术是通过化学反应来分离、去除废水中的污染物或将其转化为无害物质的处理过程。物理化学处理技术是运用物理和化学的综合作用使废水得到净化的方法，主要包括萃取、吸附、膜技术、离子交换等过程。

（二）废水甲烷回收项目关键要求

废水处理中回收利用甲烷是“变废为宝”的一种有效方式，能够通过参与一些减排机制，出售其减排信用额而获得一些技术和资金的支持。废水甲烷回收方法学是指对废水厌氧处理中的甲烷回收利用措施实施前后的碳排放量进行估算，并计算出碳减排量的方法。

1. 项目边界要求

按照项目的物理位置描述物理边界。按照项目的地理位置及坐标描述地理边界。项目活动中所有受影响的区域一般也应纳入项目边界，如甲烷应用、污泥处置、甲烷及废弃物运输等。

2. 额外性论证要求

该类项目一般采用基准分析法。需论证项目在不考虑减排收益前收益率低于基准值，但在考虑减排收益后，财务收益有所改善。

3. 监测要求

对废水处理回收甲烷的温度、压力、产量、热值、泄漏、装置运行和运输能耗进行持续监测并形成记录，可按照日报表的形式进行记录。

（三）泰国某木薯粉厂废水甲烷回收项目（VCS）

1. 项目概况

位于泰国赤武里的某木薯淀粉加工厂，设计日生产能力为 240 吨干淀粉，2006 年 1 月该厂建设了从木薯粉排放的废水中回收甲烷的项目，回收的甲烷用于替代部分燃料油送入锅炉燃烧产生电力和蒸汽。该锅炉的甲烷发电能力不超过 15MW，木薯粉回收的热能发电能力不超过 15MW，每年将产生不超过 6 万吨 CO_2e 的减排量。本项目按照 CDM 小型方法学：AMS–III.H《Methane Recovery in Wastewater Treatment》计算碳减排量。

经过整个厌氧和好氧系统处理后，废水的 COD 浓度非常低，再次循环到工厂进一步利用，没有废水排放到工厂外。同时，项目产生少量的污泥，需要进行好氧处理，但是因量比较少，所以基本不需要处理。

2. 项目的基准线及额外性

在项目启动之前，木薯加工厂的废水在 13 个开放式废水池中进行梯级处理（停留时间约为 300 天），然后直接向大气中排放甲烷。在本项目实施后，对部分开放式废水池进行了加盖处理，作为厌氧池使用。

本项目开始前，淀粉厂外购电力全部由其省电力局提供，且由化石燃料产生。自备电厂的燃料油完全用于产热和发电。经过改造，锅炉既可以燃烧燃料油又可以燃烧甲烷。

2002 年 7 月 12 日，泰国商业银行使用的私人投资最低可接受回报率为 7.2%，在未考虑 VCS 收益的情况下，项目投资收益率为 4.6%，远低于可接受的标准。在考虑 VCS 收益的情况下，项目投资收益率为 9.6%，具备投资吸引力。

3. 项目减排量的计算

该项目基准线排放量的估算如下：

项目基准线排放 = 甲烷排放 + 外购电排放 + 燃烧排放

式中，甲烷排放量基于每天处理废水 $2400m^3$ 计算，为 36171 吨 CO_2e；外购电排放量为 1927 吨 CO_2e，燃烧排放量为 3244 吨 CO_2e。

该项目运行后，项目排放量的估算如下：

项目排放 = 项目运行用电排放 + 工厂运行排放（除废水甲烷回收装置外）+ 甲烷的无组织排放 + 甲烷的有组织排放

式中，项目运行排放量为 566 吨 CO_2e，工厂运行排放量为 8158 吨 CO_2e，甲烷无组织排放量为 3737 吨 CO_2e，甲烷有组织排放量为 0。

项目年减排量 = 基准线排放 − 项目排放 =41342−12461=28881 吨 CO_2e

该项目 2007 年实际签发量为 29796 吨 CO_2e。

四、油气回收项目碳资产开发案例

（一）上游减排量项目的特点

上游减排量（Upstream Emission Reduction，UER）是在汽油、柴油和液化石油气等终端燃料的上游原材料进入炼油厂或储存设施之前所产生的温室气体减排量。油田的油气回收项目有 3 个 CDM 方法学，主要适用于回收的伴生气用作原材料、燃烧、输送到管道或终端客户等用途。油气回收项目适宜开发成 VCS、UER 等减排机制下的减排量，其中 UER 是申请数量较少，但经济价值最高的一个减排机制，该机制直接采用 CDM 方法学，2022 年德国 UER 均价达到 100 欧元 / 吨，2023 年德国 UER 最高价达到 300 欧元 / 吨，经济价值显著。

德国《联邦排放控制法》规定，UER 可以抵消德国成品油销售公司的减排配额，不超过 1.2%。该减排量年度需求总量仅为 300 万吨左右，申请数量较多时会造成价格下跌，如 2024 年年初价格一度跌至 50 欧元 / 吨左右。此外，项目也可能会被德国环境署拒签，导致减排量开发投资亏损。

（二）上游减排量项目的关键要求

德国上游减排量项目识别主要有以下三个特点：

（1）新建设的项目。上游减排量项目的开发信息应在项目开工之前提交，开发和审定工作都应在项目建成之前完成。

（2）计入期为一年。上游减排量证书只能颁发项目一年内的减排量，但起始时间可自行确定。

（3）欧洲银行担保。在颁发上游减排量证书之前，需要由总部位于欧洲的金融机构提供银行担保。

项目边界要求、额外性论证要求、监测要求均与 CDM 方法要求一致。

（三）西北某油田伴生气回收利用项目（UER）

1. 项目概况

西北某油田伴生气回收利用项目，是从油气分离设施中回收伴生气，输送到处理站后加工销售的系统。该项目是一套完整的伴生气回收系统，项目地点位于我国西北地区。该项目的总设计容量为每天 $300\times10^3Nm^3$。经过净化后，伴生气分离为干气和液化天然气。在消耗一小部分自产的干气后，部分剩余的干气继续被加工成液化天然气。液化天然气由拖车运输，出售给附近的终端用户。项目设计年产 52852 吨液化天然气和 19740 吨天然气。

项目使用 CDM 方法学 AM0009《Recovery and utilization of gas from oil fields that would otherwise be flared or vented》计算减排量。

2. 项目的基准线及额外性

项目基准线为火炬燃烧，即在没有项目活动时（未建设天然气回收、预处理、运输基础设施的情况下），该项目涉及井口的伴生气进行燃烧或放空，因法律规定严禁放空，所以本次基准线选火炬燃烧。

因项目伴生气量的持续性比较差，固定资产投资的折旧时间按照5年左右估算，不计算上游减排量收益的情况下，项目投资收益率为5%左右，远低于油田8%的投资收益率要求，考虑上游减排量收益的情况下，项目投资收益率为12%左右，具备投资吸引力。

3. 项目减排量的计算

项目回收的伴生气数量和热值由实际测试获得，其中伴生气产量由井数、单井产液量、含水率、油气比等数据计算。同时，由于每个监测期的计算方法相同，监测结果的月减排量通常区别不大，本文仅以第一个监测期为例说明。

本项目计入期为：2022年10月7日至2023年10月6日，第一次签发监测期为：2022年11月1日至2022年12月31日，第一个监测期计划减排量为34265吨 CO_2e，实际监测减排量为35562吨 CO_2e。

对于该监测期，基准线排放量为：

基准线排放量 = 回收甲烷量 × 单位甲烷热值 × 单位热值排放

$$=18037135Nm^3 \times 42.04 \times 10^{-6}TJ/Nm^3 \times 54.834\text{吨}\ CO_2/TJ$$

$$=41579\text{吨}\ CO_2e$$

在该监测期内，项目的实际排放量为：

实际排放 = 燃烧排放 + 电力排放

因本项目电力均由自备电厂燃烧甲烷提供，所以不再重复计算，仅计算甲烷的燃烧排放：

燃烧排放 = 燃烧干气总量 × 单位干气热值 × 干气单位热值排放

$= 2690233Nm^3 \times 38.76 \times 10^{-3}GJ/Nm^3 \times 0.0577$ 吨 CO_2/GJ

= 6017 吨 CO_2e

经现场监测，本项目无泄漏，泄漏量为 0。

项目减排量 = 基准线排放 – 项目排放 – 泄漏量

= 42579–6027–0

= 35562 吨 CO_2e

所以，第一个签发期：2022 年 11 月 1 日至 2022 年 12 月 31 日签发 UERs 为 35562 吨 CO_2e。

参考文献

[1] 姜春娜，杜丽娜．浅论全球气候变暖及其预防对策［J］．中国环境管理丛书，2009（2）．
[2] 高悦，罗士琴，钟小辉．全球气候变暖成因及影响分析［J］．华商，2008（15）．
[3] 吕珺．集团企业碳资产数字化管理体系构建策略［J］．新疆石油天然气，2022（18）．
[4] 秦炎. 欧洲碳市场推动电力减排的作用机制分析［J］. 全球能源互联网，2021（1）．
[5] 联合国气候变化大会．《联合国气候变化框架公约京都议定书》［Z］.1997.
[6] 舟丹．碳市场的分类［J］．中外能源，2015（9）．
[7] 李娉，马涵慧．碳减排的路径选择——基于政府与市场关系冲突与整合的视角［J］．华北电力大学学报（社会科学版），2016（001）．
[8] 王东翔．欧洲碳市场机制对我国碳市场发展的启示［J］．能源，2023（8）．
[9] 戴勇，郝晶 .CDM 碳交易市场项目类型探讨［J］．中国环保产业，2011（3）．
[10] 中国 21 世纪议程管理中心．清洁发展机制方法学指南［M］．社会科学文献出版社，2005.
[11] 梅德文，葛兴安，邵诗洋．国际自愿减排市场评述与展望［J］．中国财政，2022（15）．
[12] 陈鹏宇．“双碳”背景下中国核证自愿减排项目的现状及未来探析［J］．现代工业经济和信息化，2023，13（9）．
[13] 巨烨，王侃宏．碳资产交易：CCER 项目开发与管理［J］．中国财政，2023（11）．
[14] 汪军．碳中和时代—未来 40 年财富大转移［M］．北京：中国工信出版集团、电子工业出版社，2021：204–215
[15] 国家市场监督管理总局．CNCA—CCER—01：2023：温室气体自愿减排项目审定与减排量核查实施规则［Z］．2023 年第 55 号
[16] 国家发改委气候司．AR–CM–001–V01：碳汇造林项目方法学［S］．2013（V01）

［17］国家发改委气候司 .CM–001–V01：可再生能源发电并网项目的整合基准线方法学（第一版）［S］. 2013（V01）

［18］United Nations Framework Convention on Climate Change.AMS–III.H：Methane Recovery in Wastewater Treatment［S］.UFCCC.2009（Version 13）

［19］United Nations Framework Convention on Climate Change.AM0009：Recovery and utilization of gas from oil wells that would otherwise be flared or vented［S］. UFCCC.2021（(Version 07.0.0)）

［20］中共中央，国务院 . 中共中央 国务院关于完整准确全面贯彻新发展理念做好碳达峰碳中和工作的意见［EB/OL］. 北京：中共中央 国务院，2021–10–24. 中发〔2021〕36 号

［21］中华人民共和国国务院 . 国务院关于印发 2030 年前碳达峰行动方案的通知［EB/OL］. 北京：中华人民共和国国务院，2021–10–26. 国发〔2021〕23 号

［22］国家发展改革委 . 国家发展改革委办公厅关于切实做好全国碳排放权交易市场启动重点工作的通知［EB/OL］. 2016–01–22. 发改办气候〔2016〕57 号

［23］深圳市人民政府 . 深圳市碳排放权交易管理办法［EB/OL］. 深圳：深圳市人民政府，2022–07–01. 深圳市人民政府令（第 343 号）

［24］上海市人民政府 . 上海市碳排放管理试行办法［EB/OL］. 上海：上海市人民政府，2013–11–18. 上海市人民政府令第 10 号

［25］北京市人民政府 . 北京市碳排放权交易管理办法（试行）［EB/OL］. 北京：北京市人民政府，2014–05–28. 京政发〔2014〕14 号

［26］广东省人民政府 . 广东省碳排放管理试行办法［EB/OL］. 广东：广东省人民政府，2020–05–12. 广东省人民政府令第 197 号

［27］天津市人民政府办公厅 . 天津市碳排放权交易管理暂行办法［EB/OL］. 天津：天津市人民政府办公厅，2020–06–10. https：//www.tj.gov.cn/zwgk/szfgb/qk/2020site/11site/202006/t20200613_2666389.html

［28］湖北省人民政府 . 湖北省碳排放权交易管理暂行办法［EB/OL］. 湖北：湖北省人民政府，2024–01–12. 湖北省人民政府令第 430 号

［29］重庆市生态环境局 . 重庆市碳排放配额管理细则［EB/OL］. 重庆：重庆市生态环境局，2023–09–11. 渝环规〔2023〕3 号

[30] 福建省人民政府 . 福建省碳排放权交易管理暂行办法 [EB/OL] . 福建：福建省人民政府，2020-08-07. 福建省人民政府令第 214 号修订

[31] Refinitiv. China Pilot ETSs Fact Sheets [J]，2023-07

[32] Refinitiv. Carbon Market Year In Review 2023：Growth Amid Controversy [J]，2024-02-08

本书相关信息和交易数据采自各交易所网站，并参考 Refinitiv、Wind、碳道等网站内容。